P. CAMMAN ET J. HUOT

# Cours préparatoire

# d'Arithmétique

## DEUXIÈME ÉDITION REVUE ET AUGMENTÉE

**PARIS**

ANCIENNE LIBRAIRIE POUSSIELGUE

J. DE GIGORD, Éditeur

RUE CASSETTE, 15

1914

0,75

# ARITHMÉTIQUE

## LE NOMBRE UN (1) OU L'UNITÉ

Le premier nombre est *un*, qui s'écrit **1.**

EXEMPLES :

*une* bille,   qu'on écrit : **1** bille.

*une* pomme,   »   **1** pomme.

## LE NOMBRE DEUX (2)

Si j'ajoute une bille à une autre, j'obtiens *deux* billes :

*deux* billes, qu'on écrit : **2** billes.

Si je possède une pomme et qu'on m'en donne une autre, j'ai *deux* pommes, qu'on écrit **2** pommes.

## EXERCICES

1. Faire une ligne de **1.**
   Modèle : **1 1 1**............ **1.**
2. Faire une ligne de **2.**
   Modèle : **2 2 2**............ **2.**
3. Faire deux lignes de **1**, puis deux lignes de **2.**

## LE NOMBRE DEUX (2) *(suite)*

Quand j'ajoute une bille à une autre, je fais une **addition**, et je dis :

*Une bille et une bille font deux billes.*

J'écris : **1** bille $+$ **1** bille $=$ **2** billes,

que j'exprime ainsi : une unité et une unité font deux unités ; ou, en abrégé : un et un font deux.

J'écris encore : $1 + 1 = 2$ ;

ce que je lis : un plus un égale deux.

Le résultat d'une addition se nomme **somme** ou **total.**

### EXERCICES D'ADDITION

4. Écrire en complétant :

$1 + 1 = 2$    $1 + 1 =.$    $1 + 1 =.$    $1 + 1 =.$

Je possède deux billes . . . . .

J'en donne une à mon frère . . .

Il ne m'en reste plus qu'une . . .

Je fais ainsi une **soustraction**, et je dis :

*Une bille ôtée de deux billes, reste une bille,* ou un ôté de deux, reste un.

J'écris :     $2 - 1 = 1$ ;

ce que je lis : deux moins un égale un.

Le résultat de la soustraction se nomme **différence.**

### EXERCICES DE SOUSTRACTION

5. Écrire en complétant :

$2 - 1 = 1$    $2 - 1 =.$    $2 - 1 =.$    $2 - 1 =.$

# LE NOMBRE TROIS (3)

*Deux* billes et *une* bille font *trois* billes

*Deux* pommes et *une* pomme font *trois* pommes.

D'une manière générale,

    *deux et un font trois.*

J'écris : $2+1=3$;

et je lis :

    deux plus un égale trois.

                  *Addition.*

Je puis dire aussi :

    une bille et deux billes font trois billes,

ou *un et deux font trois.*

    J'écris : $1+2=3$,

    un plus deux égale trois.

                  *Addition.*

Je puis dire encore :

une bille, une bille et une bille font trois billes,

ou *un, un et un font trois;*

que j'écris :

    $1+1+1=3$,

un plus un plus un égale trois.

                  *Addition.*

# LE NOMBRE TROIS (3) *(suite)*

## EXERCICES D'ADDITION

Écrire en complétant :

6. $2+1=3$ $2+1=.$ $2+1=.$ $2+1=.$
7. $1+2=3$ $1+2=.$ $1+2=.$ $1+2=.$
8. $1+1+1=3$ $1+1+1=.$ $1+1+1=.$

Si de **trois** billes j'ôte **une** bille, il reste **deux** billes.

De trois billes . . .     3
j'ôte une bille . . . .     1
il reste deux billes. . .     2

Une bille ôtée de trois billes, reste deux billes, ou **un ôté de trois, reste deux.**

J'écris :  $3-1=2,$ *(Soustraction.)*
trois moins un égale deux.

. Si de **trois** billes j'ôte **deux** billes, il reste **une** bille.

De trois billes . . .     3
j'ôte deux billes . . .     2
il reste une bille . . .     1

Deux billes ôtées de trois billes, reste une bille, ou **deux ôté de trois, reste un.**

J'écris :  $3-2=1,$ *(Soustraction.)*
trois moins deux égale un.

## EXERCICES DE SOUSTRACTION

Écrire en complétant :

9. $3-1=2$ $3-1=.$ $3-1=.$ $3-1=.$
10. $3-2=1$ $3=2-.$ $3-2=.$ $3-2=.$

# LE NOMBRE QUATRE (4)

*Trois* billes et *une* bille font *quatre* billes.

*Trois* pommes et *une* pomme font *quatre* pommes.

D'une manière générale,

**trois et un font quatre.**

J'écris :  $3 + 1 = 4,$      } *Addition.*

trois plus un égale quatre.

Je puis dire aussi :

deux billes et deux billes font quatre billes,

et  une bille et trois billes font quatre billes ;

ou **deux et deux font quatre.**

J'écris : $2 + 2 = 4,$      } *Addition.*

deux plus deux égale quatre ;

ou **un et trois font quatre.**

J'écris : $1 + 3 = 4,$      } *Addition.*

un plus trois égale quatre.

## LE NOMBRE QUATRE (4) *(suite)*

### EXERCICES

Écrire en complétant :

11. $3+1=4$    $3+1=.$    $3+1=.$    $3+1=.$
12. $2+2=4$    $2+2=.$    $2+2=.$    $2+2=.$
13. $1+3=4$    $1+3=.$    $1+3=.$    $1+3=.$

---

Si de **quatre** billes j'ôte **une** bille, il reste **trois** billes.

De quatre billes . . . . . . 4
j'ôte une bille . . . . . . 1
il reste trois billes . . . . . 3

Une bille ôtée de quatre billes, reste trois billes ; ou

**un ôté de quatre, reste trois.**
J'écris : $4 - 1 = 3$,
quatre moins un égale trois.     } *Soustraction.*

Si de **quatre** billes j'ôte **deux** billes, il reste **deux** billes.

De quatre billes . . . . . . 4
j'ôte deux billes . . . . . . 2
il reste deux billes . . . . . 2

## LE NOMBRE QUATRE (4) *(suite)*

Deux billes ôtées de quatre billes, reste deux billes ; ou

*deux ôté de quatre, reste deux.*

J'écris : $4 - 2 = 2$,

quatre moins deux égale deux.

} *Soustraction.*

Si de **quatre** billes j'ôte **trois** billes, il reste **une** bille.

| | | | |
|---|---|---|---|
| De quatre billes . | 🔵🔵🔵🔵 | . | 4 |
| j'ôte trois billes . . | 🔵🔵🔵 | . . | 3 |
| il reste une bille. . | 🔵 | . . | 1 |

Trois billes ôtées de quatre billes, reste une bille ; ou

*trois ôté de quatre, reste un.*

J'écris : $4 - 3 = 1$,

quatre moins trois égale un.

} *Soustraction.*

---

### EXERCICES DE SOUSTRACTION

Écrire en complétant :

14. $4 - 1 = .$    $4 - 1 = .$    $4 - 1 = .$    $4 - 1 = .$
15. $4 - 2 = .$    $4 - 2 = .$    $4 - 2 = .$    $4 - 2 = .$
16. $4 - 3 = .$    $4 - 3 = .$    $4 - 3 = .$    $4 - 3 = .$

## LE NOMBRE CINQ (5)

*Quatre* billes et *une* bille font *cinq* billes,

qu'on écrit :     **5** billes,

ou *quatre et un font cinq.*

J'écris : $4 + 1 = 5$,     } *Addition.*

    quatre plus un égale cinq.

Je puis dire aussi :

trois billes et deux billes font cinq billes,

*trois et deux font cinq,*     }

    $3 + 2 = 5$,     } *Addition.*

trois plus deux égale cinq ;     }

ou encore :

deux billes et trois billes font cinq billes,

*deux et trois font cinq,*     }

    $2 + 3 = 5$,     } *Addition.*

deux plus trois égale cinq ;     }

ou enfin :

une bille et quatre billes font cinq billes,

*un et quatre font cinq,*     }

    $1 + 4 = 5$,     } *Addition.*

un plus quatre égale cinq.

# LE NOMBRE CINQ (5) *(suite)*

## EXERCICES D'ADDITION

Écrire en complétant :

17. $4+1=.$    $4+1=.$    $4+1=.$    $4+1=.$
18. $3+2=.$    $3+2=.$    $3+2=.$    $3+2=.$
19. $2+3=.$    $2+3=.$    $2+3=.$    $2+3=.$
20. $1+4=.$    $1+4=.$    $1+4=.$    $1+4=.$

Si de **cinq** billes j'ôte **une** bille, il reste **quatre** billes.

De cinq billes . . . 5
j'ôte une bille . . . 1
il reste quatre billes . 4

***Un ôté de cinq, reste quatre,***
$$5-1=4,$$
cinq moins un égale quatre.

*Soustrac-tion.*

Si de **cinq** billes j'ôte **deux** billes, il reste **trois** billes.

De cinq billes . . . 5
j'ôte deux billes . . 2
il reste trois billes . 3

***Deux ôté de cinq, reste trois,***
$$5-2=3,$$
cinq moins deux égale trois.

*Soustrac-tion.*

## LE NOMBRE CINQ (5) *(suite)*

Si de *cinq* billes j'ôte *trois* billes, il reste *deux* billes.

De cinq billes . .  @ @ @ @ @ . 5
j'ôte trois billes . .  @ @ @ . 3
il reste deux billes  .  @ @ . 2

*Trois ôté de cinq, reste deux,*
$$5 - 3 = 2,$$
cinq moins trois égale deux.  } Soustrac-tion.

Si de *cinq* billes j'ôte *quatre* billes, il reste *une* bille.

De cinq billes. . .  @ @ @ @ @ . 5
j'ôte quatre billes.  @ @ @ @ . 4
il reste une bille . .  @ . 1

*Quatre ôté de cinq, reste un,*
$$5 - 4 = 1,$$
cinq moins quatre égale un.  } Soustrac-tion.

---

## EXERCICES DE SOUSTRACTION

Écrire en complétant :

21. $5 - 1 =$ .    $5 - 1 =$ .    $5 - 1 =$ .    $5 - 1 =$ .
22. $5 - 2 =$ .    $5 - 2 =$ .    $5 - 2 =$ .    $5 - 2 =$ .
23. $5 - 3 =$ .    $5 - 3 =$ .    $5 - 3 =$ .    $5 - 3 =$ .
24. $5 - 4 =$ .    $5 - 4 =$ .    $5 - 4 =$ .    $5 - 4 =$ .

## EXERCICES

Écrire en complétant :

25.    $1+1=.$   $1+2=.$   $2+1=.$
$1+1+1=.$

26.    $3+1=.$   $1+3=.$   $2+2=.$
$1+1+1+1=.$

27. $2+1+1=.$  $1+2+1=.$  $1+1+2=.$
$1+1+1+1+1=.$

28. $4+1=.$  $1+4=.$  $3+2=.$  $2=3=.$

29. $2+1+2=.$  $1+2+2=.$  $3+1+1=.$
$1+1+3=.$

30.  $1+1+1+2=.$   $1+2+1+1=.$
$2+1+1+1=.$   $1+1+2+1=.$

31. $2-1=.$   $3-1=.$   $3-2=.$   $4-1=.$

32. $4-2=.$   $4-3=.$   $5-1=.$   $5-2=.$

33. $5-3=.$   $5-4=.$

34. $2+.=3$   $3+.=4$   $4+.=5$   $2+.=4$

35. $1+.=4$   $1+.=5$   $3+.=5$   $1+.=5$

36. $2+.=5$   $2+1+.=4$   $1+2+.=5$
$1+1+.=5$

37. $2-.=1$   $3-.=1$   $4-.=2$   $5-.=3$

38. $4-.=3$   $3-.=2$   $5-.=2$   $5-.=4$

39. $5-.=1$   $4-.=1$

40. Former le nombre $4$ de trois manières :
$.+.=4$   $.+.=4$   $.+.=4$

41. Former le nombre $5$ de quatre manières :
$.+.=5$   $.+.=5$   $.+.=5$   $.+.=5$

42. Jean avait $3$ sous dans sa poche ; on lui en a donné $2$ de plus. Combien en a-t-il ?

43. Georges avait $2$ sous ; son père lui en donne $1$ et sa mère $1$ autre. Combien en a-t-il ?

44. J'avais $5$ plumes ; j'en ai donné $1$ à mon voisin et j'en ai perdu $1$. Combien m'en reste-t-il ?

# LE NOMBRE SIX (6)

*Cinq* billes et *une* bille font *six* billes,

qu'on écrit :       **6** billes,

ou        *cinq et un font six.*

$$5 + 1 = 6,$$

cinq plus un égale six.

J'obtiens aussi *six* **(6)** billes en disant

*quatre* billes et *deux* billes font *six* billes,

$$4 + 2 = 6;$$

ou encore :

*trois* billes et *trois* billes font *six* billes,

$$3 + 3 = 6;$$

*deux* billes et *quatre* billes font *six* billes,

$$2 + 4 = 6;$$

*une* bille et *cinq* billes font *six* billes,

$$1 + 5 = 6.$$

# LE NOMBRE SIX (6) *(suite)*

## EXERCICES D'ADDITION

Écrire en complétant :

45. $5+1=6$   $5+1=.$   $5+1=.$   . . . . . . .
46. $4+2=.$   $4+2=.$   $4+2=.$   . . . . . . .
47. $3+3=.$   $3+3=.$   $3+3=.$   . . . . . . .
48. $2+4=.$   $2+4=.$   $2+4=.$   . . . . . . .
49. $1+5=.$   $1+5=.$   $1+5=.$   . . . . . . .

Si de *six* billes j'ôte *une* bille, il reste *cinq* billes.

De six billes   .   .

j'ôte une bille   .   .

il reste cinq billes   .

***Un ôté de six, reste cinq,***

$$6-1=5,$$

six moins un égale cinq.

Si de *six* billes j'ôte *deux* billes, il reste *quatre* billes.

***Deux ôté de six, reste quatre,***

$$6-2=4,$$

six moins deux égale quatre.

## LE NOMBRE SIX (6) *(suite)*

Si de *six* billes j'ôte *trois* billes, il reste *trois* billes.

*Trois ôté de six, reste trois,*

$$6 - 3 = 3,$$

six moins trois égale trois.

Si de *six* billes j'ôte *quatre* billes, il reste *deux* billes.

*Quatre ôté de six, reste deux,*

$$6 - 4 = 2,$$

six moins quatre égale deux.

Si de *six* billes j'ôte *cinq* billes, il reste *une* bille.

*Cinq ôté de six, reste un,*

$$6 - 5 = 1,$$

six moins cinq égale un.

Soustractions.

### EXERCICES DE SOUSTRACTION

Écrire en complétant et en achevant les lignes :

50. $6 - 1 =$ .     . . . .     . . . .     . . . .     . . . .

51. $6 - 2 =$ .     . . . .     . . . .     . . . .     . . . .

52. $6 - 3 =$ .     . . . .     . . . .     . . . .     . . . .

53. $6 - 4 =$ .     . . . .     . . . .     . . . .     . . . .

54. $6 - 5 =$ .     . . . .     . . . .     . . . .     . . . .

# LE NOMBRE SEPT (7)

*Six* billes et *une* bille font *sept* billes,

qu'on écrit :  **7** billes.

**Six et un font sept,**
**6 + 1 = 7,**
six plus un égale sept.

J'obtiens aussi *sept* **(7)** en disant :

*cinq* billes et *deux* billes font *sept* billes,
**5 + 2 = 7 ;**

*quatre* billes et *trois* billes font *sept* billes,
**4 + 3 = 7 ;**

*trois* billes et *quatre* billes font *sept* billes,
**3 + 4 = 7 ;**

*deux* billes et *cinq* billes font *sept* billes,
**2 + 5 = 7 ;**

*une* bille et *six* billes font *sept* billes,
**1 + 6 = 7.**

Additions.

# LE NOMBRE SEPT (7) *(suite)*

## EXERCICES D'ADDITION

Écrire en complétant et en achevant les lignes :

55. $6 + 1 = .$
56. $5 + 2 = .$
57. $4 + 3 = .$
58. $3 + 4 = .$
59. $2 + 5 = .$
60. $1 + 6 = .$

---

Si de **sept** billes j'ôte **une** bille, il reste *six* billes.

De sept billes . . .

j'ôte une bille . . .

il reste six billes . . .

**Un ôté de sept, reste six,**

$$7 - 1 = 6,$$

sept moins un égale six.

Si de **sept** billes j'ôte **deux** billes, il reste **cinq** billes.

**Deux ôté de sept, reste cinq,**

$$7 - 2 = 5,$$

sept moins deux égale cinq.

*Soustractions.*

# LE NOMBRE SEPT (7) *(suite)*

De même

***Trois ôté de sept, reste quatre,***

$$7 - 3 = 4,$$

sept moins trois égale quatre.

***Quatre ôté de sept, reste trois,***

$$7 - 4 = 3,$$

sept moins quatre égale trois.

***Cinq ôté de sept, reste deux,***

$$7 - 5 = 2,$$

sept moins cinq égale deux.

***Six ôté de sept, reste un,***

$$7 - 6 = 1,$$

sept moins six égale un.

*Soustractions.*

---

## EXERCICES DE SOUSTRACTION

Écrire en complétant :

61. $7 - 1 = .$

62. $7 - 2 = .$

63. $7 - 3 = .$

64. $7 - 4 = .$

65. $7 - 5 = .$

66. $7 - 6 = .$

## LE NOMBRE HUIT (8)

*Sept* billes et *une* bille font *huit* billes,

qu'on écrit :  **8** billes.

### Sept et un font huit,

$$7 + 1 = 8,$$

sept plus un égale huit.

J'obtiens aussi *huit* (8) billes en disant :

*six* billes et *deux* billes font *huit* billes,

$$6 + 2 = 8;$$

*cinq* billes et *trois* billes font *huit* billes,

$$5 + 3 = 8;$$

*quatre* billes et *quatre* billes font *huit* billes,

$$4 + 4 = 8;$$

*trois* billes et *cinq* billes font *huit* billes,

$$3 + 5 = 8;$$

*deux* billes et *six* billes font *huit* billes,

$$2 + 6 = 8;$$

*une* bille et *sept* billes font *huit* billes,

$$1 + 7 = 8.$$

# LE NOMBRE HUIT (8) *(suite)*

## EXERCICES D'ADDITION

Écrire en complétant :

67. $7 + 1 =$ . . . . .    . . . .    . . . .    . . . . .
68. $6 + 2 =$ . . . . .    . . . .    . . . .    . . . . .
69. $5 + 3 =$ . . . .    . . . .    . . . .    . . . =
70. $4 + 4 =$ . . . .    . . . .    . . . .    . . . .
71. $3 + 5 =$ . . . .    . . . .    . . . .    . . . .
72. $2 + 6 =$ . . . . .    . . . .    . . . . =
73. $1 + 7 =$ . . . .    . . . .    . . . .    . . . . .

Si de **huit** billes j'ôte **une** bille, il reste **sept** billes.

De huit billes . .
j'ôte une bille . . .
il reste sept billes. .

*Un ôté de huit, reste sept,*

$$8 - 1 = 7,$$

huit moins un égale sept.

Si de **huit** billes j'ôte **deux** billes, il reste **six** billes.

*Deux ôté de huit, reste six,*

$$8 - 2 = 6,$$

huit moins deux égale six.

## LE NOMBRE HUIT (8) *(suite)*

De même :

### *Trois ôté de huit, reste cinq,*

$$8 - 3 = 5,$$

huit moins trois égale cinq.

### *Quatre ôté de huit, reste quatre,*

$$8 - 4 = 4,$$

huit moins quatre égale quatre.

### *Cinq ôté de huit, reste trois,*

$$8 - 5 = 3,$$

huit moins cinq égale trois.

### *Six ôté de huit, reste deux,*

$$8 - 6 = 2,$$

huit moins six égale deux.

### *Sept ôté de huit, reste un,*

$$8 - 7 = 1,$$

huit moins sept égale un.

*Soustractions.*

---

### EXERCICES DE SOUSTRACTION

Écrire en complétant :

74. $8 - 1 =$ .  
75. $8 - 2 =$ .  
76. $8 - 3 =$ .  
77. $8 - 4 =$ .  
78. $8 - 5 =$ .  
79. $8 - 6 =$ .  
80. $8 - 7 =$ .

## LE NOMBRE NEUF (9)

*Huit* billes et *une* bille font *neuf* billes,

qu'on écrit : **9** billes.

### *Huit et un font neuf,*

$8 + 1 = 9$ (huit plus un égale neuf).

*sept* billes et *deux* billes font *neuf* billes,

$$7 + 2 = 9;$$

*six* billes et *trois* billes font *neuf* billes,

$$6 + 3 = 9;$$

*cinq* billes et *quatre* billes font *neuf* billes,

$$5 + 4 = 9;$$

*quatre* billes et *cinq* billes font *neuf* billes,

$$4 + 5 = 9;$$

*trois* billes et *six* billes font *neuf* billes,

$$3 + 6 = 9;$$

*deux* billes et *sept* billes font *neuf* billes,

$$2 + 7 = 9;$$

*une* bille et *huit* billes font *neuf* billes,

$$1 + 8 = 9.$$

*Additions.*

# LE NOMBRE NEUF (9) *(suite)*

## EXERCICES D'ADDITION

Écrire en complétant :

81. $8 + 1 =$ .
82. $7 + 2 =$ .
83. $6 + 3 =$ .
84. $5 + 4 =$ .
85. $4 + 5 =$ .
86. $3 + 6 =$ .
87. $2 + 7 =$ .
88. $1 + 8 =$ .

Si de **neuf** billes j'ôte **une** bille, il reste **huit** billes.

De neuf billes .

j'ôte une bille . .

il reste huit billes .

*Un ôté de neuf, reste huit,*

$$9 - 1 = 8,$$

neuf moins un égale huit.

J'ai encore :

*Deux ôté de neuf, reste sept,*

$$9 - 2 = 7,$$

neuf moins deux égale sept.

*Trois ôté de neuf, reste six,*

$$9 - 3 = 6,$$

neuf moins trois égale six.

Soustractions.

# LE NOMBRE NEUF (9) *(suite)*

*Quatre ôté de neuf, reste cinq,*

$$9 - 4 = 5,$$

neuf moins quatre égale cinq.

*Cinq ôté de neuf, reste quatre,*

$$9 - 5 = 4,$$

neuf moins cinq égale quatre.

*Six ôté de neuf, reste trois,*

$$9 - 6 = 3,$$

neuf moins six égale trois.

*Sept ôté de neuf, reste deux,*

$$9 - 7 = 2,$$

neuf moins sept égale deux.

*Huit ôté de neuf, reste un,*

$$9 - 8 = 1,$$

neuf moins huit égale un.

*Soustractions.*

---

## EXERCICES DE SOUSTRACTION

Écrire en complétant :

89. $9 - 1 =$ .  
90. $9 - 2 =$ .  
91. $9 - 3 =$ .  
92. $9 - 4 =$ .  
93. $9 - 5 =$ .  
94. $9 - 6 =$ .  
95. $9 - 7 =$ .  
96. $9 - 8 =$ .

# LES NEUF PREMIERS NOMBRES
## LE ZÉRO (0)

Les **neuf** premiers nombres sont :

| | | |
|---|---|---|
| *un,* | *quatre,* | *sept,* |
| *deux,* | *cinq,* | *huit,* |
| *trois,* | *six,* | *neuf.* |

On passe de l'un au suivant en lui ajoutant un.

On représente ces nombres par les signes suivants appelés chiffres :

**1, 2, 3, 4, 5, 6, 7, 8, 9.**
un, deux, trois, quatre, cinq, six, sept, huit, neuf.

Aux neuf chiffres, on ajoute le chiffre **0,** qui s'énonce **zéro.**

Quand je n'ai pas de bille, je dis que j'ai **zéro (0)** bille.

Les neuf premiers nombres forment les **unités simples** ou **unités du premier ordre.**

---

### QUESTIONNAIRE

**97.** Quels sont les neuf premiers nombres? — Quels sont les chiffres correspondants.

**98.** Compter au rebours de neuf à un.
Écrire les chiffres au rebours de **9** à **1.**

**99.** Que forment les neuf premiers nombres?

## EXERCICES

**100.** $5+1=.$    $5+1+1=.$    $5+2+1=.$
$5+1+2=.$

**101.** $5+2+2=.$   $2+4+3=.$   $1+5+2=.$
$4+1+3=.$

**102.** $4+3+1=.$   $4+1+4=.$   $3+3+3=.$
$2+3+4=.$

**103.** $6+1+1=.$   $6+1+2=.$   $6+2+1=.$
$7+1+1=.$

**104.** $1+6+2=.$   $2+1+6=.$   $1+7+1=.$
$1+1+7=.$

**105.** $2+4+1+1=.$    $2+2+2+2=.$
$1+2+1+2=.$    $3+2+2+3=.$

**106.** $3+4+1+1=.$    $1+3+1+4=.$
$3+1+3+2=.$   $1+1+5+1+1=.$

**107.** $1+2+1+4=.$    $1+2+2+4=.$
$2+3+1+3=.$   $1+1+4+1+2=.$

**108.** Former le nombre **6** de **5** manières différentes :

$1+5=6$     . . . .     . . . .     . . . .     . . . .

**109.** Former le nombre **7** de **6** manières différentes.

**110.** Former le nombre **8** de **7** manières différentes.

**111.** Former le nombre **9** de **8** manières différentes.

**112.** Alfred a **6** ans; quel âge aura-t-il dans **3** ans?

**113.** Louise a **5** ans; dans combien d'années aura-t-elle **8** ans?

**114.** Mes deux frères m'ont donné chacun **2** noix; j'en avais **3**. Combien en ai-je?

**115.** Pierre a reçu **5** francs de son père et **3** de son oncle pour ses étrennes; il en dépense **4**. Combien lui en reste-t-il?

---

**Dix (10) lapins.**

# LE NOMBRE DIX (10)

**Neuf** billes et **une** bille font **dix** billes,

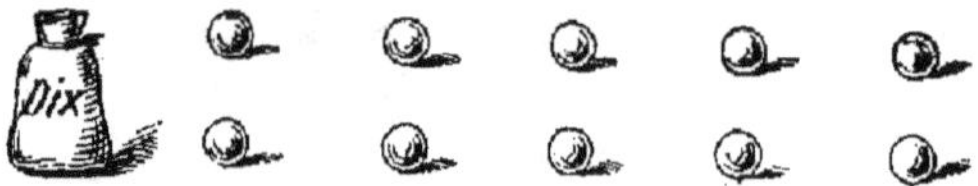

qu'on écrit :       **10** billes,

ou          **neuf et un font dix,**

$$9 + 1 = 10,$$

neuf plus un égale dix.

Quand j'ai dix billes, je les réunis ensemble, par exemple dans un petit sac qui contient **une dizaine** de billes.

**Une dizaine** de billes vaut **dix (10)** billes.

## LE NOMBRE DIX (10) *(suite)*

Je puis aussi dire et écrire :

*huit et deux font dix,*
**8 + 2 = 10,**
huit plus deux égale dix ;

*sept et trois font dix,*
**7 + 3 = 10 ;**

*six et quatre font dix,*
**6 + 4 = 10 ;**

*cinq et cinq font dix,*
**5 + 5 = 10 ;**

*quatre et six font dix,*
**4 + 6 = 10 ;**

*trois et sept font dix,*
**3 + 7 = 10 ;**

*deux et huit font dix,*
**2 + 8 = 10.**

------

### EXERCICES DE SOUSTRACTION

116.
$$10 - 2 = . \quad 10 - 4 = . \quad 10 - 7 = .$$
$$10 - 1 = . \quad 10 - 3 = . \quad 10 - 5 = .$$
$$10 - 8 = . \quad 10 - 9 = . \quad 10 - 6 = .$$

# LES DIZAINES

## NOMS DES DIZAINES

*On compte les dizaines de billes ou sacs de dix billes comme on compte les unités ou les billes (de une à neuf dizaines).*

Pour cela, on regarde les dizaines comme des unités nouvelles ou de **second ordre.**

| | |
|---|---|
| UNE dizaine ou DIX | 10 |
| DEUX dizaines ou VINGT | 20 |
| TROIS dizaines ou TRENTE | 30 |
| QUATRE dizaines ou QUARANTE | 40 |
| CINQ dizaines ou CINQUANTE | 50 |
| SIX dizaines ou SOIXANTE | 60 |
| SEPT dizaines ou SOIXANTE-DIX | 70 |
| HUIT dizaines ou QUATRE-VINGT | 80 |
| NEUF dizaines ou QUATRE-VINGT-DIX | 90 |

*Pour écrire un nombre de dizaines, on écrit le chiffre qui représente ce nombre de dizaines, puis un zéro à sa droite.*

EXEMPLE. — **Quarante** (formé de quatre dizaines) s'écrit :

$$40.$$

On dit que 4 est le chiffre des dizaines.

    —     0     —     unités simples.

---

## QUESTIONNAIRE ET EXERCICES

**117.** Combien y-a-t-il de dizaines dans : trente? soixante-dix? vingt? quatre-vingt? quarante? soixante? quatre-vingt-dix? cinquante?

**118.** Réciter et écrire en toutes lettres et avec des chiffres les dizaines de quatre-vingt-dix (**90**) à dix (**10**).

**119.** Écrire en complétant :

Les dizaines *sont des unités* du . . . . *ordre.*
Les unités simples    —    . . . . —

**120.** Écrire **4** de manière que ce chiffre représente des dizaines.

**121.** Dans la cour de l'école il y a **6** rangées de **10** arbres chacune. Combien y a-t-il d'arbres en tout?

**122.** Je possède **7** pièces de **10** sous chacune. Combien cela fait-il de sous?

**123.** Un marchand de fruit a vendu **9** caisses contenant chacune **10** pêches. Combien a-t-il vendu de pêches?

**124.** J'ai compté des pièces de **10** francs chacune et j'en ai trouvé **8**. Combien ces pièces valent-elles de francs?

**125.** Dans l'étude il y a d'un côté **5** tables contenant **10** élèves et de l'autre côté **40** élèves. Combien y a-t-il d'élèves en tout?

**126.** J'ai gagné une semaine **10** bons points, une autre semaine **30** autres, et la troisième semaine **20**. Combien ai-je de bons points en tout ?

**127.** J'ai gagné une semaine **20** bons points ; la semaine suivante j'en ai gagné encore **20**, puis la troisième semaine j'en ai perdu **10**. Combien m'en reste-t-il ?

---

# DE DIX (10) A VINGT (20)

Pour former les neuf nombres qui suivent dix, j'ajoute successivement un, deux, trois... neuf unités à dix.

Je forme ainsi :

| | | |
|---|---|---|
| *une* dizaine et *une* bille | ou | *onze* billes, |
| $10 + 1 = 11$ | » | **11** billes. |
| *Une* dizaine et *deux* billes | » | *douze* billes, |
| $10 + 2 = 12$ | » | **12** billes. |
| *Une* dizaine et *trois* billes | » | *treize* billes, |
| $10 + 3 = 13$ | » | **13** billes. |
| *Une* dizaine et *quatre* billes | » | *quatorze* billes, |
| $10 + 4 = 14$ | » | **14** billes. |
| *Une* dizaine et *cinq* billes | » | *quinze* billes, |
| $10 + 5 = 15$ | » | **15** billes |

---

## EXERCICES D'ADDITION

Écrire en complétant :

**128.**
$$11 + 1 =. \quad 11 + 2 =. \quad 11 + 3 =.$$
$$11 + 4 =. \quad 11 + 1 + 1 =. \quad 11 + 2 + 1 =.$$
$$11 + 1 + 2 =. \quad 12 + 1 =. \quad 12 + 2 =.$$
$$12 + 3 =. \quad 11 + 1 + 1 =. \quad 12 + 2 + 1 =.$$
$$12 + 1 + 2 =. \quad 13 + 1 =. \quad 13 + 2 =.$$
$$14 + 1 =.$$

$$129. \begin{cases} 5+6=. & 6+6=. & 5+8=. \\ 5+9=. & 6+7=. & 6+8=. \\ 6+9=. & 7+7=. & 8+7=. \\ & 7+8=. & \end{cases}$$

**130.** Réciter et écrire (en toutes lettres, puis avec des chiffres) au rebours les nombres de **15** à **10**.

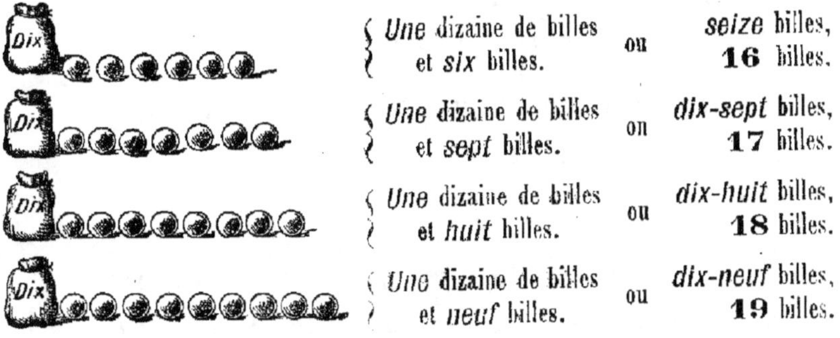

|  | | |
|---|---|---|
| *Une* dizaine de billes et *six* billes. | ou | *seize* billes, **16** billes. |
| *Une* dizaine de billes et *sept* billes. | ou | *dix-sept* billes, **17** billes. |
| *Une* dizaine de billes et *huit* billes. | ou | *dix-huit* billes, **18** billes. |
| *Une* dizaine de billes et *neuf* billes. | ou | *dix-neuf* billes, **19** billes. |

## EXERCICES D'ADDITION

Écrire en complétant :

$$131. \begin{cases} 15+1=. & 15+2=. & 15+3=. \\ 15+4=. & 16+1=. & 15+1+2=. \\ 15+3+1=. & 16+2=. & 16+3=. \\ 16+1+2=. & 17+1=. & 17+2=. \\ 17+1+1=. & 18+1=. & 15+2+2=. \\ & 16+1+1=. & \end{cases}$$

$$132. \begin{cases} 10+3+3=. & 11+4+2=. \\ 12+3+1=. & 13+3+3=. \\ 12+5+1=. & 12+6+1=. \\ 13+1+4=. & 14+2+3=. \\ 15+1+2+1=. & 12+2+1+4=. \\ 13+1+3+2=. & 14+1+2+2=. \end{cases}$$

**133.** Écrire au rebours avec des chiffres les nombres de **19** à **10**.

## RÉSUMÉ

Les nombres compris entre dix et dix-neuf se nomment :

| | | |
|---|---|---|
| *dix,* | *quatorze,* | *dix-huit,* |
| *onze,* | *quinze,* | *dix-neuf.* |
| *douze,* | *seize,* | |
| *treize,* | *dix-sept,* | |

*Pour écrire dix avec des chiffres, on écrit un* **1** *suivi d'un* **0.**

**10**. . . . . dix.

*Pour écrire les nombres suivants, on remplace successivement le zéro par les neuf premiers chiffres.*

| | | |
|---|---|---|
| **11,** | **14,** | **17,** |
| onze. | quatorze. | dix-sept. |
| **12,** | **15,** | **18,** |
| douze. | quinze. | dix-huit. |
| **13,** | **16,** | **19,** |
| treize. | seize. | dix-neuf. |

Les nombres précédents s'écrivent avec **deux** chiffres.

Celui de **droite** représente les **unités simples.**

Celui de **gauche,** qui est **1,** représente les **dizaines.**

Dans les nombres compris entre dix et dix-neuf, il y a toujours **une** dizaine ; puis des unités simples, dont le nombre ne dépasse pas neuf.

Dans dix il y a une dizaine seulement et pas d'unités simples ; on écrit **0** à la place des unités simples.

EXEMPLES. — Quatorze s'écrit :

**1 4**

chiffre des dizaines | chiffre des unités

Dans 14, il y a 1 dizaine et 4 unités simples.

Dix s'écrit : **1 0**

chiffre des dizaines | chiffre des unités

Dans 10, il y a 1 dizaine et pas d'unités simples.

---

## QUESTIONNAIRE

**134.** Comment écrit-on les nombres de dix à dix-neuf ?

**135.** Dans un de ces nombres, quel est le chiffre des unités ? — où l'écrit-t-on ?

**136.** Quel est le chiffre des unités dans : quatorze, dix-huit, dix, quinze, onze, dix-neuf, treize, dix-sept, douze ?

## TABLE D'ADDITION *

| | | |
|---|---|---|
| 1 et 1 font 2 | 4 et 1 font 5 | 7 et 1 font 8 |
| 1 et 2 — 3 | 4 et 2 — 6 | 7 et 2 — 9 |
| 1 et 3 — 4 | 4 et 3 — 7 | 7 et 3 — 10 |
| 1 et 4 — 5 | 4 et 4 — 8 | 7 et 4 — 11 |
| 1 et 5 — 6 | 4 et 5 — 9 | 7 et 5 — 12 |
| 1 et 6 — 7 | 4 et 6 — 10 | 7 et 6 — 13 |
| 1 et 7 — 8 | 4 et 7 — 11 | 7 et 7 — 14 |
| 1 et 8 — 9 | 4 et 8 — 12 | 7 et 8 — 15 |
| 1 et 9 — 10 | 4 et 9 — 13 | 7 et 9 — 16 |
| 2 et 1 font 3 | 5 et 1 font 6 | 8 et 1 font 9 |
| 2 et 2 — 4 | 5 et 2 — 7 | 8 et 2 — 10 |
| 2 et 3 — 5 | 5 et 3 — 8 | 8 et 3 — 11 |
| 2 et 4 — 6 | 5 et 4 — 9 | 8 et 4 — 12 |
| 2 et 5 — 7 | 5 et 5 — 10 | 8 et 5 — 13 |
| 2 et 6 — 8 | 5 et 6 — 11 | 8 et 6 — 14 |
| 2 et 7 — 9 | 5 et 7 — 12 | 8 et 7 — 15 |
| 2 et 8 — 10 | 5 et 8 — 13 | 8 et 8 — 16 |
| 2 et 9 — 11 | 5 et 9 — 14 | 8 et 9 — 17 |
| 3 et 1 font 4 | 6 et 1 font 7 | 9 et 1 font 10 |
| 3 et 2 — 5 | 6 et 2 — 8 | 9 et 2 — 11 |
| 3 et 3 — 6 | 6 et 3 — 9 | 9 et 3 — 12 |
| 3 et 4 — 7 | 6 et 4 — 10 | 9 et 4 — 13 |
| 3 et 5 — 8 | 6 et 5 — 11 | 9 et 5 — 14 |
| 3 et 6 — 9 | 6 et 6 — 12 | 9 et 6 — 15 |
| 3 et 7 — 10 | 6 et 7 — 13 | 9 et 7 — 16 |
| 3 et 8 — 11 | 6 et 8 — 14 | 9 et 8 — 17 |
| 3 et 9 — 12 | 6 et 9 — 15 | 9 et 9 — 18 |

* La table d'addition donne immédiatement le résultat (ou somme) de l'addition de deux nombres inférieurs à 10.

Il faut la savoir par cœur, ainsi que la table de soustraction.

# TABLE DE SOUSTRACTION

| | | |
|---|---|---|
| 1 ôté de 1 reste 0 | 4 ôté de 4 reste 0 | 7 ôté de 7 reste 0 |
| 1 — 2 — 1 | 4 — 5 — 1 | 7 — 8 — 1 |
| 1 — 3 — 2 | 4 — 6 — 2 | 7 — 9 — 2 |
| 1 — 4 — 3 | 4 — 7 — 3 | 7 — 10 — 3 |
| 1 — 5 — 4 | 4 — 8 — 4 | 7 — 11 — 4 |
| 1 — 6 — 5 | 4 — 9 — 5 | 7 — 12 — 5 |
| 1 — 7 — 6 | 4 — 10 — 6 | 7 — 13 — 6 |
| 1 — 8 — 7 | 4 — 11 — 7 | 7 — 14 — 7 |
| 1 — 9 — 8 | 4 — 12 — 8 | 7 — 15 — 8 |
| 1 — 10 — 9 | 4 — 13 — 9 | 7 — 16 — 9 |
| 2 ôté de 2 reste 0 | 5 ôté de 5 reste 0 | 8 ôté de 8 reste 0 |
| 2 — 3 — 1 | 5 — 6 — 1 | 8 — 9 — 1 |
| 2 — 4 — 2 | 5 — 7 — 2 | 8 — 10 — 2 |
| 2 — 5 — 3 | 5 — 8 — 3 | 8 — 11 — 3 |
| 2 — 6 — 4 | 5 — 9 — 4 | 8 — 12 — 4 |
| 2 — 7 — 5 | 5 — 10 — 5 | 8 — 13 — 5 |
| 2 — 8 — 6 | 5 — 11 — 6 | 8 — 14 — 6 |
| 2 — 9 — 7 | 5 — 12 — 7 | 8 — 15 — 7 |
| 2 — 10 — 8 | 5 — 13 — 8 | 8 — 16 — 8 |
| 2 — 11 — 9 | 5 — 14 — 9 | 8 — 17 — 9 |
| 3 ôté de 3 reste 0 | 6 ôté de 6 reste 0 | 9 ôté de 9 reste 0 |
| 3 — 4 — 1 | 6 — 7 — 1 | 9 — 10 — 1 |
| 3 — 5 — 2 | 6 — 8 — 2 | 9 — 11 — 2 |
| 3 — 6 — 3 | 6 — 9 — 3 | 9 — 12 — 3 |
| 3 — 7 — 4 | 6 — 10 — 4 | 9 — 13 — 4 |
| 3 — 8 — 5 | 6 — 11 — 5 | 9 — 14 — 5 |
| 3 — 9 — 6 | 6 — 12 — 6 | 9 — 15 — 6 |
| 3 — 10 — 7 | 6 — 13 — 7 | 9 — 16 — 7 |
| 3 — 11 — 8 | 6 — 14 — 8 | 9 — 17 — 8 |
| 3 — 12 — 9 | 6 — 15 — 9 | 9 — 18 — 9 |

## EXERCICES

**137.** Compter de deux en deux à partir de **1** jusqu'à **19**.
　》　　　　　》　　　　　　》　**2**　》　**20**.
**138.** Compter de deux en deux au rebours à partir de **19**.
　》　　　　　》　　　　　》　　》　**20**.

---

## MULTIPLICATION PAR 2

| | | | | | | | | | |
|---|---|---|---|---|---|---|---|---|---|
| 1 | et | 1 | font | 2 | ou | 2 | fois | 1 | font | 2 |
| 2 | — | 2 | — | 4 | — | 2 | — | 2 | — | 4 |
| 3 | — | 3 | — | 6 | — | 2 | — | 3 | — | 6 |
| 4 | — | 4 | — | 8 | — | 2 | — | 4 | — | 8 |
| 5 | — | 5 | — | 10 | — | 2 | — | 5 | — | 10 |
| 6 | — | 6 | — | 12 | — | 2 | — | 6 | — | 12 |
| 7 | — | 7 | — | 14 | — | 2 | — | 7 | — | 14 |
| 8 | — | 8 | — | 16 | — | 2 | — | 8 | — | 16 |
| 9 | — | 9 | — | 18 | — | 2 | — | 9 | — | 18 |
| 10 | — | 10 | — | 20 | — | 2 | — | 10 | — | 20 |

**Multiplication.** — Quand on *additionne un nombre à lui-même* ou que l'on *répète deux fois le même nombre,* on fait une *multiplication.*

Exemple. — Quand je dis :

**2 fois 7 font 14,**

je fais une *multiplication.*
J'écris :

$$7 \times 2 = 14,$$

sept multiplié par deux égale quatorze.

Le signe × est le *signe de la multipli-cation ; on le lit : multiplié par.*

**7** est le *multiplicande.*
**2** » *multiplicateur.*

### DIVISION PAR 2

| En 2, il y a 1 fois 2 | En 12, il y a 6 fois 2 |
|---|---|
| — 4, — 2 — 2 | — 14, — 7 — 2 |
| — 6, — 3 — 2 | — 16, — 8 — 2 |
| — 8, — 4 — 2 | — 18, — 9 — 2 |
| — 10, — 5 — 2 | — 20, — 10 — 2 |

Les nombres précédents : 2, 4, 6, 8, 10, 12, 14, 16, 18, sont des nombres *pairs* ou *divisibles par* **2.**

**Division.** — Quand on cherche *combien de fois un nombre en contient un autre,* on fait *une division.*

Exemple. — Quand je dis :

En 14 combien de fois 2? Il y va 7 fois, je fais une division.

14 est le *dividende,* 2 le *diviseur,* 7 le *quotient.*

J'écris :        **14 : 7 = 2,**

que je lis :

quatorze divisé par sept égale deux.

Le signe : (qui s'énonce *divisé par)* est le *signe de la division.*

**Division par 2 avec reste.** — Si je prends un nombre différent des précédents, 13 par exemple, et que je cherche combien de fois 13 contient 2, je dis :

En 13, combien de fois 2? Il y va 6 fois, plus un reste qui est 1.

Car 2 fois 6 font 12, plus 1 font 13.

Je fais encore une *division,* mais *avec un reste.*

13 est le *dividende,*

2  »  *diviseur,*

6  »  *quotient,*

1  »  *reste.*

Les nombres suivants :

$$1, \quad 3, \quad 5, \quad 7, \quad 9, \quad 11, \quad 13, \quad 15, \quad 17, \quad 19$$

ne contiennent pas exactement 2 ou ne sont pas exactement divisibles par 2.

La division par 2 se fait avec un reste qui est 1.

Ce sont des nombres *impairs.*

### RÉSUMÉ

Dans la division par 2, il n'y a pas de reste si la division se fait exactement.

S'il y a un reste, ce reste ne peut être que 1 (inférieur au diviseur 2).

Diviser un nombre pair par 2, c'est en prendre la *moitié.*

## EXERCICES

**139**. Combien font :

| | | | |
|---|---|---|---|
| **3** et **7** et **8** | **6** et **5** et **3** | **8** et **7** et **5** | **9** et **4** et **6** |
| **5** et **7** et **4** | **8** et **1** et **6** | **7** et **9** et **2** | **11** et **3** |
| **13** et **5** | **12** et **7** | **6** et **12** | **4** et **13** |

**140**. Écrire les résultats trouvés ci-dessus :

EXEMPLE : $3 + 7 + 8 = $. (en complétant) . . . etc.

Répondre aux questions suivantes :

**141**. En **13**
— **9**
— **12**
— **19**
— **17**
— **16**
— **15**
— **11**
— **7**

Combien de fois **2**? y a-t-il un reste, et, s'il y en a un, quel est-il?

Écrire en complétant :

**142**. $7 + . = 15$   $4 + . = 17$   $9 + . = 11$
$. + 8 = 13$

**143**. $9 + . = 18$   $2 + . = 16$   $. + 12 = 19$
$8 + . = 12$

**144**. $7 - . = 14$   $16 - . = 9$   $17 - . = 8$
$15 - . = 11$

**145**. $. - 6 = 9$   $13 - 4 = .$   $18 - 5 = .$
$. - 5 = 7$

**146**. J'ai **9** billes dans une poche et **8** dans l'autre. Combien ai-je de billes en tout ?

**147**. J'avais **8** billes ; j'en gagne **4**, puis **6**. Combien en ai-je?

**148**. Édouard avait **15** prunes ; il en mange **7**. Combien lui en reste-t-il?

**149**. Georges avait **18** bons points ; il en perd **12**, puis il en gagne **5**. Combien en a-t-il ?

**150**. Il y a **7** jours dans une semaine. Combien y a-t-il de jours dans deux semaines?

**151.** Une paire comprend **2** unités ; combien y a-t-il de souliers dans **7** paires de souliers ? — de bas dans **9** paires de bas ?

**152.** Un bœuf a **2** cornes. Combien de cornes ont **7** bœufs ?

**153.** Une marchande porte un panier à chaque bras ; dans chaque panier elle a **8** oranges. Combien porte-t-elle d'oranges ?

**154.** Ma mère a apporté deux paniers pareils ; il y a en tout **12** douzaines d'œufs. Combien y a-t-il de douzaines d'œufs dans chaque paniers ?

**155.** On a donné à Jacques **10** francs en deux pièces d'argent pareilles. Combien chaque pièce vaut-elle de francs ?

**156.** Ma mère a acheté **15** poulets au marché. Combien a-t-elle de paires complètes ? Que reste-t-il en plus ?

**157.** **2** cahiers se payent **6** sous. Combien coûte un cahier.

**158.** J'avais **14** plumes ; j'en ai perdu la moitié. Combien m'en reste-t-il ?

*Vingt* **(20)** moutons.

# DE VINGT **(20)** A TRENTE **(30)**

Le nombre qu'on obtient en ajoutant **un (1)** à *dix-neuf* **(19)** se nomme *vingt* et s'écrit **20**.

C'est aussi le nombre formé de *deux dizaines*.

## *Deux dizaines* ou *vingt* **(20)**.

Pour former les neuf nombres suivants, on ajoute successivement à vingt les neuf premiers nombres et l'on obtient :

| | | | | |
|---|---|---|---|---|
| Deux dizaines et une | unité ou | *vingt et un* . . . | **21** |
| » | deux | unités ou | *vingt-deux* . . . | **22** |
| » | trois | » | *vingt-trois* . . . | **23** |
| » | quatre | » | *vingt-quatre* . . | **24** |
| » | cinq | » | *vingt-cinq* . . . | **25** |
| » | six | » | *vingt-six* . . . . | **26** |
| » | sept | » | *vingt-sept* . . . | **27** |
| » | huit | » | *vingt-huit* . . . | **28** |
| » | neuf | » | *vingt-neuf* . . . | **29** |

Ces nombres sont formés de **2** dizaines et de 0, 1, 2, ..., 9 unités.

*Pour écrire ces nombres, on écrit d'abord le chiffre **2**, puis à sa droite le chiffre des unités que l'on a ajoutées.*

Pour écrire vingt, on écrit un 0 (zéro) à la droite de 2.

*Le premier chiffre à gauche **2** est le chiffre des dizaines.*

*Le chiffre suivant est le chiffre des unités simples.*

Exemple. — Vingt-huit s'écrit :

$$\underset{\substack{\text{chiffre des} \\ \text{dizaines}}}{\textbf{2}} \quad \underset{\substack{\text{chiffre des} \\ \text{unités}}}{\textbf{8}}$$

Dans 28, il y a 2 dizaines et 8 unités simples.

**Addition.** — I. — *Pour additionner un nombre de deux chiffres tel que **23** et un nombre d'un seul chiffre **6**,* par exemple, je dis :

23 est formé de 2 dizaines et de 3 unités simples.

J'ajoute 6 unités simples ; j'ai donc :

$6 + 3 = 9$ unités simples et 2 dizaines ;

j'obtiens donc **29.**

Deux dizaines, trois unités simples et six unités simples font ensemble :

deux dizaines, neuf unités simples.

Donc $23 + 6 = 29,$

vingt-trois plus six égale vingt-neuf.

En réalité, je dis 3 et 6 font 9 ; je pose 9 (chiffre des unités de la somme), j'écris 2 (chiffre des dizaines de la somme) à la gauche de 9.

**II. — *Pour additionner ensemble 18 et 7,*** je remarque que 18 est formé de 1 dizaine et de 8 unités simples.

J'ajoute 7 unités simples ; j'ai ainsi :

$$8 + 7 = 15 \text{ unités}$$

ou  1 dizaine et 5 unités simples

et en plus 1 dizaine.

J'obtiens donc 2 dizaines et 5 unités.

Donc **25**

$$18 + 7 = 25,$$

dix-huit plus sept égale vingt-cinq
(chiffre des unités de la somme).

En réalité, je dis 8 et 7 font 15 ; je pose 5 et je ***retiens*** 1 ; 1 et 1 de retenue font 2, j'écris 2 (chiffre des dizaines de la somme) à la gauche de 5.

**Soustraction. — I. — *De 28 je veux retrancher (ou soustraire) 5.***

Je dis 28 est formé de 2 dizaines et de 8 unités simples.

De 8 unités simples, je retranche 5 unités simples; j'obtiens 3.

$$8 - 5 = 3.$$

Il me reste donc 2 dizaines et 3 unités simples, c'est-à-dire :

$$23.$$

J'écris donc :

$$28 - 5 = 23,$$

vingt-huit moins cinq égale vingt-trois.

Pratiquement, je dis : 8 moins 5 (ou 5 ôté de 8) font 3; je pose 3 (chiffre des unités de la différence); j'écris 2 (chiffre des dizaines de la différence) à la gauche de 3.

**II. — *De 23 je veux retrancher 7.***

23 est formé de 2 dizaines et de 3 unités simples. Je ne peux pas retrancher 7 unités de 3 unités.

Ainsi je remarque que 23 est composé de 1 dizaine et de 13 unités.

De 13, je retranche 7 ; j'obtiens 6.

$$13 - 7 = 6.$$

Il me reste donc 1 dizaine et 7 unités simples, c'est-à-dire :

$$16.$$

J'écris donc :

$$23 - 7 = 16,$$

vingt-trois moins sept égale seize.

En réalité, je dis 13 moins 7 font 6 ; je pose 6 (chiffre des unités simples de la différence) et je **retiens** 1 ; 2 moins 1 font 1 (chiffre des dizaines de la différence), que j'écris à la gauche de 6.

## MULTIPLICATION ET DIVISION PAR 3

| MULTIPLICATION | DIVISION |
|---|---|
| 3 fois 1 font 3 | En 3, il y a 1 fois 3 |
| 3 — 2 — 6 | — 6, — 2 — 3 |
| 3 — 3 — 9 | — 9, — 3 — 3 |
| 3 — 4 — 12 | — 12, — 4 — 3 |
| 3 — 5 — 15 | — 15, — 5 — 3 |
| 3 — 6 — 18 | — 18, — 6 — 3 |
| 3 — 7 — 21 | — 21, — 7 — 3 |
| 3 — 8 — 24 | — 24, — 8 — 3 |
| 3 — 9 — 27 | — 27, — 9 — 3 |
| 3 — 10 — 30 | — 30, — 10 — 3 |

**Multiplication.** — J'écris une multiplication de la manière suivante :

$$7 \times 3 = 21,$$

que je lis :

sept multiplié par trois égale vingt et un.

**Division.** — J'écris une division qui se fait exactement, de la manière suivante :

$$24 : 3 = 8,$$

que je lis :

dividende  diviseur  quotient

vingt-quatre divisé par trois égale huit.

Diviser un nombre par 3, c'est prendre le **tiers** de ce nombre.

**Division par 3 avec reste.** — Les nombres 3, 6, 9, 12, 15, 18, 21, 24, 27 sont **divisibles** par 3.

I. — Si je prends un nombre qui ne soit pas divisible par 3, 19 par exemple, je dis :

En 19, combien de fois 3? Il y va 6 fois, plus un reste qui est 1.

En effet, 3 fois 6 font 18, et 1 font 19.

Je fais une division avec reste.

19 est le *dividende*,
3   »   *diviseur*,
6   »   *quotient*,
1   »   *reste*.

II. — De même, en 26 combien de fois 3? Il y va 8 fois, plus un reste qui est 2; car

3 fois 8 font 24, et 2 font 26.

26 est le *dividende*,
3   »   *diviseur*,
8   »   *quotient*,
2   »   *reste*.

## RÉSUMÉ

Dans la division par 3, il n'y a pas de reste si la division se fait exactement.

S'il y a un reste, ce reste ne peut être que 1 ou 2, toujours inférieur au diviseur 3.

---

## EXERCICES

**159.** Écrire en toutes lettres, puis avec des chiffres, au rebours les nombres de trente à vingt.

**160.** Combien font :

**10** et **10** (répondre : **10** et **10** font **20**).

**10** et **15**   **10** et **18**   **10** et **15**   **10** et **13**   **10** et **17**
**10** et **11**   **10** et **14**   **10** et **19**   **10** et **16**.

**161.** Combien font :

**18** et **20**   **16** et **10**   **11** et **10**   **14** et **10**   **15** et **10**
**12** et **10**   **19** et **10**   **13** et **10**   **17** et **10**.

### Exercices écrits.

**162.** Écrire en complétant :

$$10 + . = 28 \qquad 13 + . = 23 \qquad 10 + 15 = .$$
$$10 + . = 20 \qquad 11 + 10 = . \qquad 10 + 17 = .$$
$$18 + 10 = . \qquad . + 10 = 29 \qquad . + 12 = 22$$
$$10 + . = 24.$$

### Calcul mental.

**163.** Combien font :

**5** et **7** et **10**   **9** et **10** et **6**   **8** et **6** et **10**
**8** et **9** et **10**   **10** et **9** et **2**   **3** et **9** et **10**
**7** et **7** et **10**   **10** et **4** et **8**   **2** et **8** et **10**
**5** et **8** et **10**   **7** et **10** et **8**   **10** et **7** et **4**

Répondre aux questions suivantes :

164. En 16
— 19
— 23 } Combien de fois 3 et quel est le reste ?
— 26
— 17

165. En 25
— 8
— 13 } Combien de fois 3 et quel est le reste ?
— 29
— 14
— 20

166. Un fermier avait acheté une brebis 19 francs ; il gagne 6 francs en la revendant. Combien l'a-t-il revendue ?

167. Dans une étable il y a 22 moutons et 7 vaches. Combien y a-t-il de bêtes en tout ?

168. Dans un wagon il y avait 25 voyageurs ; il en descend 8 à une station. Combien en reste-t-il ?

169. Mon frère ainé a 13 ans ; dans combien de temps partira-t-il pour le régiment ? (On va au régiment à 21 ans.)

170. Combien y a-t-il de jours dans 3 semaines ? — dans 4 semaines ?

171. Une mère de famille partage 15 abricots entre ses 3 enfants. Combien chacun en a-t-il ?

172. Un libraire avait 27 volumes ; il en vend un tiers. Combien lui en reste-t-il ?

173. Mon frère a 24 francs ; j'en ai trois fois moins que lui. Combien ai-je de francs ?

174. On a payé 18 francs pour 3 chemises ; quel est le prix d'une chemise ?

*Trente* **(30)** arbres.

## DE TRENTE **(30)** A QUARANTE **(40)**

Le nombre obtenu en ajoutant **un (1)** à **vingt-neuf (29)** se nomme **trente** et s'écrit **30.**

C'est encore le nombre formé de *trois dizaines.*

### *Trois dizaines* ou *trente* **(30).**

Pour former les neuf nombres suivants, on ajoute successivement à trente les neuf premiers nombres et l'on obtient :

| | | | | |
|---|---|---|---|---|
| Trois dizaines et une | unité | ou | *trente et un*. . . | **31** |
| » | deux | unités ou | *trente-deux*. . . | **32** |
| » | trois | » | *trente-trois*. . . | **33** |
| » | quatre | » | *trente-quatre*. . | **34** |
| » | cinq | » | *trente-cinq* . . . | **35** |
| » | six | » | *trente-six* . . . . | **36** |
| » | sept | » | *trente-sept* . . . | **37** |
| » | huit | » | *trente-huit* . . . | **38** |
| » | neuf | » | *trente-neuf*. . . | **39** |

Ces nombres sont formés de **3** dizaines et de 0, 1, 2,... 9 unités.

*Pour écrire ces nombres, on écrit d'abord le chiffre **3**, puis à la droite le chiffre des unités que l'on a ajoutées.*

Pour écrire trente, on écrit un 0 à la droite de 3.

Le premier chiffre à gauche **3** est le chiffre des dizaines ; le chiffre suivant est le chiffre des unités simples.

EXEMPLE. — Trente-sept s'écrit :

**3 7**

chiffre des dizaines — chiffre des unités

Dans 37 il y a 3 dizaines et 7 unités simples.

**Addition.** — I. — *Soit à ajouter **32** et **6**.*

32 est formé de 3 dizaines et de 2 unités ; 6 est formé de 6 unités.

La somme est :

3 dizaines et $2 + 6 = 8$ unités,

donc **38.**

II. — *Soit à ajouter **28** et **7**.*

J'ai :

2 dizaines et $8 + 7 = 15$ unités,

c'est-à-dire 1 dizaine et 5 unités ; donc en tout

3 dizaines et 5 unités,

ou                    **35.**

En réalité, je dis dans le premier cas :

2 et 6 font 8 ; je pose 8 (chiffre des unités).
J'écris 3 (chiffre des dizaines) à la gauche de 8.

Je dis de même dans le second cas :

8 et 7 font 15 ; je pose 5 (chiffre des unités), et je
retiens 1.
1 de retenue et 2 font 3 ; j'écris 3 (chiffre des dizaines)
à la gauche de 5.

## Soustraction. — I. — *Soit à retrancher ou soustraire* **4** *de* **37.**

Je retranche 4 unités des 7 unités de 37 ;
il reste :

$$7 - 4 = 3 \text{ unités,}$$

et en plus les trois dizaines. Donc

$$37 - 4 = 33.$$

## II. — *Soit à retrancher* **9** *de* **35.**

Je ne puis pas retrancher 9 unités de 5 unités ;
j'emprunte une dizaine aux dizaines de 35 et je
retranche 9 de 15, ce qui me donne 6 unités.
J'ai donc 2 dizaines (puisque j'en ai déjà
pris 1) et 6 unités.

Donc            $$35 - 9 = 26.$$

En réalité, je dis dans le premier cas :

7 moins 4 (ou 4 ôté de 7) font 3 ; je pose 3 (chiffre des
unités).
J'écris 3 (chiffre des dizaines) à la gauche de 3.

Je dis de même dans le second cas :

15 moins 8 (ou 8 ôté de 15) font 7 ; je pose 7 (chiffre des unités), et je retiens 1.

3 moins 1 (ou 1 ôté de 3) font 2 ; j'écris 2 (chiffre des dizaines).

## MULTIPLICATION ET DIVISION PAR 4

| MULTIPLICATION | DIVISION |
|---|---|
| 4 fois 1 font 4 | En 4, il y a 1 fois 4 |
| 4 — 2 — 8 | — 8, — 2 — 4 |
| 4 — 3 — 12 | — 12, — 3 — 4 |
| 4 — 4 — 16 | — 16, — 4 — 4 |
| 4 — 5 — 20 | — 20, — 5 — 4 |
| 4 — 6 — 24 | — 24, — 6 — 4 |
| 4 — 7 — 28 | — 28, — 7 — 4 |
| 4 — 8 — 32 | — 32, — 8 — 4 |
| 4 — 9 — 36 | — 36, — 9 — 4 |
| 4 — 10 — 40 | — 40, — 10 — 4 |

**Multiplication.** — J'écris pour une multiplication :

$$6 \times 4 = 24,$$

multiplicande — multiplicateur — produit

qui se lit :

six multiplié par quatre égale vingt-quatre,

ou

quatre fois six font vingt-quatre.

**Division exacte.** — J'écris pour une division :

$$28 : 4 = 7,$$

qui se lit :

vingt-huit divisé par quatre égale sept.

Diviser un nombre par 4, c'est prendre le *quart* de ce nombre.

**Division par 4 avec reste.** — Les nombres : 4, 8, 12, 16, 20, 24, 28, 32, 36 sont *divisibles* par 4.

I. — Si je prends un nombre qui ne soit pas divisible par 4, par exemple 27, je dis :

En 27 combien de fois 4? Il y va 6 fois, car 6 fois 4 font 24 ; plus un reste qui est :

$$27 - 24 = 3.$$

Je fais une division avec un reste.

27 est le *dividende,*
4   »   *diviseur,*
6   »   *quotient,*
3   »   *reste.*

II. — De même, *soit à diviser 33 par 4.*

Je dis : en 33 combien de fois 4? Il y va 8 fois ; 8 fois 4 font 32, ôté de 33, il reste 1.
Le quotient est 8 et le reste est 1.

III. — *Soit à diviser 18 par 4.*

Je dis : en 18 combien de fois 4? Il y va 4 fois ; 4 fois 4 font 16, il reste 2.
Le quotient est 4 et le reste est 2.

## RÉSUMÉ

Dans la division par 4, il *n'y a pas de reste* si la division se fait *exactement*.

S'il y a un reste, ce reste ne peut être que 1 ou 2 ou 3, toujours *inférieur* au diviseur 4.

---

## EXERCICES

**175.** Combien font :

| | | | | |
|---|---|---|---|---|
| 25 et 10 | 28 et 10 | 23 et 10 | 29 et 10 | 21 et 10 |
| 27 et 10 | 20 et 10 | 24 et 10 | 22 et 10 | 26 et 10 |

**176.** Combien font :

| | | | | |
|---|---|---|---|---|
| 10 et 28 | 10 et 29 | 10 et 27 | 10 et 24 | 10 et 26 |
| 10 et 22 | 10 et 20 | 10 et 21 | 10 et 23 | 10 et 25 |

**177.** Combien font :

| | | | | |
|---|---|---|---|---|
| 17 et 20 | 13 et 20 | 11 et 20 | 14 et 20 | 18 et 20 |
| 12 et 20 | 19 et 20 | 15 et 20 | 16 et 20 | |

**178.** Combien font :

| | | | | |
|---|---|---|---|---|
| 20 et 16 | 20 et 19 | 20 et 12 | 20 et 15 | 20 et 11 |
| 20 et 13 | 20 et 17 | 20 et 14 | 20 et 18 | |

**179.** Combien font :

| | | | | |
|---|---|---|---|---|
| 33 et 5 | 32 et 4 | 34 et 4 | 35 et 4 | 31 et 7 |
| 28 et 4 | 29 et 6 | 25 et 8 | 23 et 9 | 24 et 7 |
| 26 et 4 | 25 et 9 | 25 et 5 | 27 et 7 | 29 et 8 |

**180.** Combien font :

| | | |
|---|---|---|
| 10 et 15 et 10 | 6 et 9 et 20 | 8 et 10 et 20 |
| 5 et 9 et 20 | 4 et 20 et 8 | 9 et 20 et 9 |
| 7 et 8 et 6 et 10 | 9 et 10 et 4 et 10 | 5 et 3 et 20 et 7 |
| 6 et 20 et 2 et 8 | 3 et 20 et 8 et 7 | 7 et 10 et 4 et 9 |

**181.** Combien font :

| | | |
|---|---|---|
| 6 et 7 et 8 et 9 | 9 et 8 et 7 et 8 | 6 et 8 et 9 et 8 |
| 8 et 8 et 8 et 8 | 9 et 9 et 9 et 9 | |

182. Compter oralement par **4** de **1** à **37** ⎫ et écrire
183.     —         —        —        **2** à **38** ⎪ à la suite
184.     —         —        —        **3** à **39** ⎬ les nombres
185.     —         —        —        **4** à **36** (multiples de **4**) trouvés

186. Écrire en complétant :

$$25 + . = 33 \qquad 24 + 7 = . \qquad 10 + . = 35$$
$$18 + 7 + . = 35 \qquad 3 + 8 + 7 + 20 = .$$
$$9 + 8 + 9 + 8 = .$$

Répondre aux questions suivantes :

187. En **17**
      — **29**
      — **34**
      — **26**
      — **29**
      — **19**        combien de fois **4** et quel est le reste ?
      — **37**
      —  **9**
      — **39**
      — **13**

188. Je possède une pièce de **1** franc qui vaut **20** sous, une pièce de **10** sous et **8** sous. Combien ai-je de sous ?

189. Il y avait **33** poires sur un poirier ; on en a cueilli **8**. Combien en reste-t-il ?

190. Le mois de janvier a **31** jours. Combien y a-t-il de jours du **7** janvier à la fin du mois ?

191. Il faut **4** fers pour ferrer un cheval. Combien en faut-il pour ferrer **4** chevaux ?

192. Un ouvrier gagne **6** francs par jour. Combien reçoit-il pour **4** jours de travail ?

193. Un ouvrier gagne **4** francs par jour. Combien de jours a-t-il travaillé, s'il a touché **32** francs ?

194. Un maréchal ferrant a employé **36** fers. Combien a-t-il ferré de chevaux ?

195. Une batterie d'artillerie comprend **4** canons. Combien y a-t-il de canons dans **8** batteries ?

*Quarante* **(40)** militaires.

# DE QUARANTE **(40)** A CINQUANTE **(50)**

Le nombre formé en ajoutant **une** unité **(1)** à *trente-neuf* **(39)** se nomme *quarante* et s'écrit **40**.

C'est encore le nombre formé *de quatre dizaines*.

*Quatre* dizaines ou *quarante* **(40)**.

Pour former les neuf nombres suivants, on ajoute successivement à quarante les neuf premiers nombres, et l'on obtient :

| | | | |
|---|---|---|---|
| Quatre dizaines et une unité ou | *quarante et un* . . | **41** |
| » deux unités ou | *quarante-deux* . . | **42** |
| » trois » | *quarante-trois* . . | **43** |
| » quatre » | *quarante-quatre*. | **44** |
| » cinq » | *quarante-cinq* . . | **45** |
| » six » | *quarante-six* . . . | **46** |
| » sept » | *quarante-sept* . . | **47** |
| » huit » | *quarante-huit* . . | **48** |
| » neuf » | *quarante-neuf* . . | **49** |

Ces nombres sont formés de **4** dizaines et de 0, 1, ..., 9 unités.

***On écrit d'abord 4 (chiffre des dizaines), puis à sa droite le chiffre des unités que l'on a ajoutées (chiffre des unités simples).***

**Addition.** — I. — *Soit à additionner* **43 et 5.**

Je dis : 3 et 5 font 8 ; 40 et 8 font 48 ; j'obtiens donc 48.

$$43 + 5 = 48.$$

II. — *Soit à additionner* **39 et 7.**

Je dis : 9 et 7 font 16 ; 30 et 16 font 46 ; j'obtiens donc 46.

$$39 + 7 = 46.$$

**Soustraction.** — I. — *Soit à soustraire* **5 de 47.**

Je dis : 7 moins 5 font 2, 40 et 2 font 42. Donc :

$$47 - 5 = 42.$$

II. — *Soit à soustraire* **8 de 42.**

Je dis : 12 moins 8 font 4 ; 30 et 4 font 34. Donc :

$$42 - 8 = 34.$$

## MULTIPLICATION ET DIVISION PAR 5

| MULTIPLICATION | DIVISION |
|---|---|
| 5 fois 1 font 5 | En 5, il y a 1 fois 5 |
| 5 — 2 — 10 | — 10, — 2 — 5 |
| 5 — 3 — 15 | — 15, — 3 — 5 |
| 5 — 4 — 20 | — 20, — 4 — 5 |
| 5 — 5 — 25 | — 25, — 5 — 5 |
| 5 — 6 — 30 | — 30, — 6 — 5 |
| 5 — 7 — 35 | — 35, — 7 — 5 |
| 5 — 8 40 | — 40, — 8 — 5 |
| 5 — 9 — 45 | — 45, — 9 — 5 |
| 5 — 10 — 50 | — 50, — 10 — 5 |

**Multiplication.** — On écrit :

$$6 \times 5 = 30,$$

six multiplié par cinq égale trente.

**Division exacte.** — On écrit :

$$35 : 5 = 7,$$

trente-cinq divisé par cinq égale sept.

Les nombres 5, 10, 15, 20, 25, 30, 35, 40, 45, sont *divisibles* par 5. On voit qu'ils se terminent par un 0 ou par un 5.

Diviser un nombre par 5, c'est prendre le *cinquième* de ce nombre.

**Division avec reste.** — *Soit à diviser 39 par 5.*

Je dis : en 39 combien de fois 5 ? Il y va 7 fois. 7 fois 5 font 35, ôté de 39, reste 4.

Le quotient est 7 et le reste 4.

Dans une division par 5 qui ne se fait pas exactement (ou qui se fait avec un reste), le reste ne peut être que 1 ou 2 ou 3 ou 4 (toujours inférieur à 5).

---

## EXERCICES

**196.** Combien font :

| | | | | |
|---|---|---|---|---|
| 36 et 10 | 34 et 10 | 30 et 10 | 31 et 10 | 39 et 10 |
| 37 et 10 | 32 et 10 | 38 et 10 | 35 et 10 | 33 et 10 |

**197.** Combien font :

| | | | | |
|---|---|---|---|---|
| 10 et 35 | 10 et 39 | 10 et 33 | 10 et 34 | 10 et 36 |
| 10 et 33 | 10 et 31 | 10 et 38 | 10 et 32 | 10 et 30 |

**198.** Combien font :

| | | | | |
|---|---|---|---|---|
| 27 et 20 | 22 et 20 | 20 et 24 | 23 et 20 | 29 et 20 |
| 20 et 20 | 20 et 25 | 20 et 28 | 26 et 20 | 20 et 21 |

**199.** Combien font :

| | | | | |
|---|---|---|---|---|
| 16 et 30 | 15 et 30 | 30 et 19 | 12 et 30 | 30 et 18 |
| 30 et 14 | 11 et 30 | 13 et 30 | 17 et 30 | 10 et 30 |

**200.** Combien font :

| | | | | |
|---|---|---|---|---|
| 42 et 7 | 43 et 5 | 41 et 8 | 46 et 3 | 38 et 7 |
| 39 et 6 | 36 et 8 | 34 et 8 | 33 et 9 | 35 et 6 |

**201.** Combien font :

| | | |
|---|---|---|
| 16 et 20 et 10 | 10 et 17 et 20 | 9 et 9 et 30 |
| 7 et 30 et 8 | 9 et 8 et 6 et 20 | 26 et 9 et 7 |
| 24 et 7 et 10 | 16 et 7 et 8 et 9 | |

**202.** Compter oralement par 5 de 1 à 46

**203.** —     —     —     2 à 47

**204.** —     —     —     3 à 48

**205.** —     —     —     4 à 49

**206.** —     —     —     5 à 45 (multiples de 5)

> et écrire
> à la suite
> les nombres
> trouvés.

**207.** Écrire en complétant :

$$37 + . = 43 \qquad 34 + 7 = . \qquad 30 + . = 46$$
$$29 + 6 + . = 45 \qquad 8 + 7 + 4 + . = 49$$
$$9 + 8 + 9 + 8 + 9 = .$$

Répondre aux questions suivantes :

**208.** En **13, 48, 35, 19, 26, 43, 33, 29, 21, 9, 38, 27, 12, 18, 17,** combien de fois **5** et quel est le reste de chaque opération?

**209.** Je possède **6** pièces de **5** francs, **3** pièces de **2** francs et **8** pièces de **1** franc. Combien ai-je de francs?

**210.** Je possédais **5** pièces de **5** francs et **8** pièces de **2** francs; je paye **18** francs que je devais. Combien me reste-t-il de francs?

**211.** Je veux payer une somme de **39** francs avec le plus de pièces de **5** francs que je pourrai et le reste avec des pièces de **2** francs. Combien donnerai-je de pièces de chaque espèce?

**212.** Combien y a-t-il de jours dans **5** semaines?

**213.** Un ouvrier qui gagne **5** francs par jour a touché **45** francs. Combien de jours a-t-il travaillé?

**214.** Le mois de février a **28** jours. Combien y a-t-il de jours du **13** février au **19** mars?

**215.** Un patron a payé ses deux ouvriers, il a donné **20** francs à l'un et à l'autre **6** francs de plus. Combien a-t-il payé en tout?

*Cinquante* **(50)** bûches.

# DE CINQUANTE **(50)** A SOIXANTE **(60)**

**Quarante-neuf** unités et **une** unité font
**cinquante (50)** ou **cinq** dizaines.

### Cinq dizaines ou cinquante.

En ajoutant à cinquante les neuf premiers
nombres, on obtient :

| | |
|---|---|
| *Cinquante et un.* | **51** |
| *Cinquante-deux.* | **52** |
| *Cinquante-trois.* | **53** |
| *Cinquante-quatre.* | **54** |
| *Cinquante-cinq.* | **55** |
| *Cinquante-six .* | **56** |
| *Cinquante-sept.* | **57** |
| *Cinquante-huit.* | **58** |
| *Cinquante-neuf.* | **59** |

Ces nombres sont formés de **5** dizaines
(premier chiffre à gauche) et de 0, 1, 2, ...,
9 unités.

*On écrit d'abord **5** (chiffre des dizaines), puis à sa suite le chiffre des unités que l'on a ajoutées (chiffre des unités simples).*

**Addition.** — I. — *Soit à additionner* **52** *et* **6.**

On dit : 2 et 6 font 8 ; 50 et 8 font 58 ; donc :

$$52 + 6 = 58.$$

II. — *Soit à additionner* **47** *et* **8.**

Je dis : 7 et 8 font 15 ; 40 et 15 font 55 ; donc :

$$47 + 8 = 55.$$

**Soustraction.** — I. — *Soit à soustraire* **7** *de* **59.**

Je dis : 9 moins 7 font 2 ; 2 et 50 font 52 ; donc :

$$59 - 7 = 52.$$

II. — *Soit à soustraire* **8** *de* **53.**

Je dis : 13 moins 8 font 5 ; 40 et 5 font 45 ; donc :

$$53 - 8 = 45.$$

## MULTIPLICATION ET DIVISION PAR 6

| MULTIPLICATION | DIVISION |
|---|---|
| 6 fois 1 font 6 | En 6, il y a 1 fois 6 |
| 6 — 2 — 12 | — 12, — 2 — 6 |
| 6 — 3 — 18 | — 18, — 3 — 6 |
| 6 — 4 — 24 | — 24, — 4 — 6 |
| 6 — 5 — 30 | — 30, — 5 — 6 |
| 6 — 6 — 36 | — 36, — 6 — 6 |
| 6 — 7 — 42 | — 42, — 7 — 6 |
| 6 — 8 — 48 | — 48, — 8 — 6 |
| 6 — 9 — 54 | — 54, — 9 — 6 |
| 6 — 10 — 60 | — 60, — 10 — 6 |

**Multiplication.** — On écrit :

$$8 \times 6 = 48,$$

huit multiplié par six égale quarante-huit.

**Division exacte.** — On écrit :

$$42 : 6 = 7,$$

quarante-deux divisé par six égale sept.

Les nombres 6, 12, 18, 24, 30, 36, 42, 48, 54 sont *divisibles* par 6.

Diviser un nombre par 6, c'est prendre le *sixième* de ce nombre.

**Division avec reste.** — *Soit à diviser 45 par 6.*

Je dis : en 45 combien de fois 6? Il y va 7 fois. 6 fois 7 font 42, ôté de 45, reste 3.

Le quotient est 7 et le reste 3.

Dans une division par 6 qui ne se fait pas exactement (ou qui se fait avec un reste), ce reste est toujours inférieur à 6 (diviseur).

---

## EXERCICES

**216.** Combien font :

| | | | | |
|---|---|---|---|---|
| 42 et 10 | 45 et 10 | 49 et 10 | 41 et 10 | 48 et 10 |
| 43 et 10 | 47 et 10 | 40 et 10 | 44 et 10 | 46 et 10 |

**217.** Combien font :

| | | | | |
|---|---|---|---|---|
| 10 et 45 | 10 et 41 | 10 et 46 | 10 et 43 | 10 et 44 |
| 10 et 48 | 10 et 47 | 10 et 49 | 10 et 42 | 10 et 40 |

**218.** Combien font :

| | | | | |
|---|---|---|---|---|
| 30 et 24 | 20 et 35 | 37 et 20 | 18 et 30 | 20 et 39 |
| 30 et 62 | 40 et 18 | 15 et 40 | 40 et 11 | 12 et 40 |
| 27 et 30 | 20 et 34 | 40 et 16 | 13 et 40 | |

**219.** Combien font :

| | | | |
|---|---|---|---|
| 46 et 7 | 2 et 46 | 43 et 7 | 49 et 4 |
| 8 et 48 | 6 et 45 | 4 et 48 | 45 et 9 |
| 49 et 9 | 7 et 45 | 48 et 7 | |

**220.** Additionner :

| | | |
|---|---|---|
| 18 et 9 et 20 | 30 et 18 et 6 | 27 et 10 et 20 |
| 27 et 20 et 5 | 19 et 30 et 9 | 6 et 40 et 8 |
| 20 et 28 et 4 | 35 et 10 et 9 | |

**221.** Compter oralement par 6 de 2 à 56  
**222.** — — 5 à 59  
**223.** — — 4 à 58  
**224.** — — 3 à 57  
**225.** — — 1 à 55  
**226.** — — 6 à 60 (multiples de 6)

*et écrire à la suite les nombres trouvés*

**227.** Écrire en complétant :

$$23 + . = 53 \qquad 17 + 10 + . = 57$$
$$19 + 20 + 6 + . = 52 \qquad 19 + 20 + 19 = .$$

Répondre aux questions suivantes :

**227** *bis*. En **25**, **32**, **45**, **21**, **47**, **53**, **17**, **33**, **24**, **15**, **34**, **22**, **18**, **19**, combien de fois **6**, et quel est le reste de chaque opération?

**228.** Georges avait **56** billes en commençant à jouer; il en perd **5**, puis **7**. Combien lui en reste-t-il?

**229.** Une marchandise a coûté **48** francs. Combien faut-il la revendre pour gagner **7** francs?

**230.** J'ai revendu **58** francs deux brebis que j'avais achetées **24** francs chacune. Combien ai-je gagné en tout? — sur chaque brebis?

**231.** Chaque fenêtre d'une salle contient **6** carreaux. S'il y a **6** fenêtres, combien y a-t-il de carreaux?

**232.** Il faut **6** chevaux pour traîner une pièce de canon et son avant-train. Combien en faut-il pour traîner les pièces de **2** batteries d'artillerie, de **4** pièces chacune?

**233.** Une ménagère achète **6** kilogrammes de café et paye **18** francs. Quel est le prix de **1** kilogramme de café?

**234.** Paul reçoit **6** sous de son père chaque fois qu'il est premier. S'il a reçu **42** sous, combien de fois a-t-il été premier?

*Soixante* **(60)** carreaux de vitre.

# DE SOIXANTE **(60)** A SOIXANTE-DIX **(70)**

*Cinquante-neuf* et *un* font *soixante* **(60)** ou *six* dizaines.

*Six dizaines* ou *soixante* **(60)**.

En ajoutant à soixante les neuf premiers nombres, on obtient successivement :

*Soixante et un* . . . . . . **61**
*Soixante-deux* . . . . . . **62**
*Soixante-trois* . . . . . . **63**
*Soixante-quatre* . . . . **64**
*Soixante-cinq* . . . . . **65**
*Soixante-six* . . . . . . **66**
*Soixante-sept* . . . . . **67**
*Soixante-huit* . . . . . **68**
*Soixante-neuf* . . . . . **69**

Ces nombres sont formés de **6** dizaines et de 0, 1, ..., 9 unités.

*On écrit d'abord* **.6** *(chiffre des dizaines), puis à la droite le chiffre des unités que l'on a ajoutées (unités simples).*

**Addition.** — I. — *Combien font* **63** *et* **4?**

3 et 4 font 7 ; 60 et 7 font :

**67.**

II. — *Combien font* **58** *et* **9?**

8 et 9 font 17 ; 50 et 17 font :

**67.**

**Soustraction.** — I. — *Retrancher* **6** *de* **69.**

9 moins 6 font 3, et 60 font :

**63.**

II. — *Retrancher* **8** *de* **61.**

11 moins 8 font 3, et 50 font :

**53.**

## MULTIPLICATION ET DIVISION PAR 7

| MULTIPLICATION | DIVISION |
|---|---|
| 7 fois 1 font 7 | En 7, il y a 1 fois 7 |
| 7 — 2 — 14 | — 14, — 2 — 7 |
| 7 — 3 — 21 | — 21, — 3 — 7 |
| 7 — 4 — 28 | — 28, — 4 — 7 |
| 7 — 5 — 35 | — 35, — 5 — 7 |
| 7 — 6 — 42 | — 42, — 6 — 7 |
| 7 — 7 — 49 | — 49, — 7 — 7 |
| 7 — 8 — 56 | — 56, — 8 — 7 |
| 7 — 9 — 63 | — 63, — 9 — 7 |
| 7 — 10 — 70 | — 70, — 10 — 7 |

**Multiplication.** — On écrit :

$$8 \times 7 = 56,$$

huit multiplié par sept égale cinquante-six.

**Division.** — On écrit :

$$63 : 7 = 9,$$

soixante-trois divisé par sept égale neuf.

Les nombres 7, 14, 21, 28, 35, 42, 49, 56, 63, 70 sont divisibles par 7.

Diviser un nombre par 7, c'est prendre le *septième*.

**Division avec reste.** — *En 54 combien de fois 7 ?*

Il y va 7 fois ; 7 fois 7 font 49, ôté de 54, reste 5.

Donc le quotient est 7 et le reste est 5.

Le reste, dans une division par 7, est toujours inférieur à 7 (diviseur).

---

## EXERCICES

**235.** Combien font :

59 et 10   53 et 10   51 et 10   57 et 10   54 et 10
52 et 10   56 et 10   50 et 10   55 et 10   58 et 10

**236.** Combien font :

10 et 58   10 et 54   10 et 57   10 et 55   10 et 51
10 et 50   10 et 53   10 et 59   10 et 56   10 et 52

**237.** Combien font :

30 et 35   40 et 22   49 et 20   24 et 40   43 et 20
20 et 46   20 et 47   18 et 50   30 et 30   31 et 30
30 et 33   40 et 29   30 et 29   44 et 20   42 et 20
40 et 41   30 et 36   47 et 20   45 et 20   34 et 30

**238.** Combien font :

7 et 55   59 et 9   8 et 53   56 et 6   59 et 4
58 et 7   53 et 7   55 et 8   54 et 6   53 et 8

**239.** Additionner :

27 et 30 et 6   16 et 40 et 8   20 et 28 et 20
20 et 17 et 30   30 et 19 et 20   30 et 27 et 8

**240.** Compter oralement par 7 de 4 à 67
**241.**     —      —    6 à 69
**242.**     —      —    3 à 66
**243.**     —      —    5 à 68
**244.**     —      —    1 à 64
**245.**     —      —    2 à 65
**246.**     —      —    7 à 70 (multiples de 7)

et écrire à la suite les nombres trouvés.

**247.** Écrire en complétant :

$$13 + 20 + . = 63 \qquad 19 + 40 + . = 67$$
$$28 + 30 + . = 66 \qquad 40 + 14 + . = 61$$

Répondre aux questions suivantes :

**248.** En **29**, **62**, **44**, **54**, **23**, **39**, **47**, **42**, **60**, **35**, **17**, **50**, **41**, **31**, combien de fois **7**, et quel est le reste de chaque opération ?

**249.** Dans un panier il y a **30** pêches et dans un autre il y a **35** abricots. Combien y a-t-il de fruits dans les deux paniers ?

**250.** Un sac contenait **64** noix. Combien en reste-t-il si j'en prends **8** et mon frère **10** ?

**251.** Combien y a-t-il de jours dans **8** semaines ? Il y a **7** jours par semaine.

**252.** Combien de semaines font **63** jours ?

**253.** Combien y a-t-il de semaines dans le mois de février qui a **28** jours ?

**254.** Combien de semaines font **45** jours ? Combien y a-t-il de jours en plus ?

**255.** Combien y a-t-il de semaines dans le mois de janvier qui a **31** jours, dans le mois d'avril qui en a **30** ? Combien y a-t-il de jours en plus ?

*Soixante-dix* (**70**) barreaux de grille.

## DE SOIXANTE−DIX (**70**)
## A QUATRE-VINGTS (**80**)

**Soixante-neuf** et **un** font *soixante-dix* ou *sept* dizaines.

*Sept dizaines* ou *soixante-dix* (**70**).

En ajoutant à soixante-dix les neuf premiers nombres, on obtient successivement :

*Soixante et onze* . . . . **71**
*Soixante-douze*. . . . . **72**
*Soixante-treize*. . . . . **73**
*Soixante-quatorze* . . . **74**
*Soixante-quinze* . . . . **75**
*Soixante-seize* . . . . . **76**
*Soixante-dix-sept* . . . **77**
*Soixante-dix-huit* . . . **78**
*Soixante-dix-neuf* . . . **79**

Ces nombres sont formés de **7** dizaines et de 0, 1, ..., 9 unités.

*On écrit d'abord **7** (chiffre des dizaines), puis à droite le chiffre des unités que l'on a ajoutées (unités simples).*

---

## EXERCICES

**256.** Combien font :

**64** et **10**  **67** et **10**  **61** et **10**  **65** et **10**  **68** et **10**
**69** et **10**  **60** et **10**  **62** et **10**  **66** et **10**  **63** et **10**

**257.** Combien font :

**10** et **63**  **10** et **60**  **10** et **61**  **10** et **69**  **10** et **64**
**10** et **67**  **10** et **68**  **10** et **65**  **10** et **62**  **10** et **66**

**258.** Combien font :

**20** et **54**  **57** et **20**  **30** et **47**  **40** et **36**  **28** et **50**
**34** et **40**  **31** et **40**  **50** et **25**  **19** et **60**  **60** et **13**

**259.** Additionner :

**64** et **8**  **66** et **8**  **9** et **63**  **68** et **6**  **67** et **9**
**9** et **69**  **64** et **7**  **64** et **6**  **71** et **8**  **68** et **8**

**260.** Compter oralement par **8** de **2** à **74**
**261.** — — **5** à **77**
**262.** — — **4** à **76**
**263.** — — **1** à **73**
**264.** — — **7** à **79**
**265.** — — **6** à **78**
**266.** — — **3** à **75**
**267.** — — **8** à **80** (multiples de **8**)

et écrire à la suite les nombres trouvés : 1° avec des chiffres ; 2° en toutes lettres.

**268.** Écrire en complétant :

$$29 + 40 + . = 75 \qquad 46 + . + 20 = 73$$
$$43 + 20 + 9 = . \qquad 10 + 38 + . = 78$$

**269.** Je possède un billet de banque de **50** francs, une pièce de **20** francs, une de **5** francs et **2** de **2** francs. Combien ai-je de francs en tout?

**270.** Je possède un billet de **50** francs, une pièce de **20** francs et une pièce de **5** francs. Je paye d'abord **10** francs, puis **7** francs. Combien me reste-t-il?

**271.** J'ai **3** pièces de **20** sous, une pièce de **10** sous et **7** sous. Combien ai-je de sous?

**272.** Un troupeau contenait **68** brebis. S'il naît **5** agneaux, combien le troupeau contiendra-t-il de têtes?

---

## MULTIPLICATION ET DIVISION PAR 8

| MULTIPLICATION | DIVISION |
|---|---|
| 8 fois 1 font 8 | En 8, il y a 1 fois 8 |
| 8 — 2 — 16 | — 16, — 2 — 8 |
| 8 — 3 — 24 | — 24, — 3 — 8 |
| 8 — 4 — 32 | — 32, — 4 — 8 |
| 8 — 5 — 40 | — 40, — 5 — 8 |
| 8 — 6 — 48 | — 48, — 6 — 8 |
| 8 — 7 — 56 | — 56, — 7 — 8 |
| 8 — 8 — 64 | — 64, — 8 — 8 |
| 8 — 9 — 72 | — 72, — 9 — 8 |
| 8 — 10 — 80 | — 80, — 10 — 8 |

Les nombres suivants : 8, 16, 24, 32, 40, 48, 56, 64, 72, 80 sont *divisibles* par 8.

Diviser un nombre par 8, c'est en prendre le *huitième.*

Les autres nombres compris entre 0 et 80 ne sont pas divisibles par 8.

Leur division par 8 donne un reste toujours inférieur à 8 (diviseur).

EXEMPLE. — *En 77 combien de fois 8?*

Il y va 9 fois ; 8 fois 9 font 72, ôté de 77, reste 5.

Le quotient est 9 et le reste est 5.

---

## EXERCICES

**Répondre aux questions suivantes :**

**273.** En **57**, **68**, **49**, **78**, **31**, **19**, **56**, **43**, **61**, **39**, **20**, **69**, **41**, **75**, **44**, **64**, combien y a-t-il de fois **8**, et quel est le reste de chaque opération?

**274.** On veut partager **48** pommes entre **8** enfants. Combien chaque enfant en aura-t-il?

**275.** Je veux donner **4** sous à chaque pauvre. S'il y a **8** pauvres et si je possède **38** sous, combien me restera-t-il?

**276.** On voudrait donner des noix à **8** enfants, **9** noix à chacun ; mais on n'a que **71** noix. Combien en manque-t-il?

**277.** Un bon ouvrier gagne **8** francs par jour. S'il reçoit **64** francs, combien de jours a-t-il travaillé?

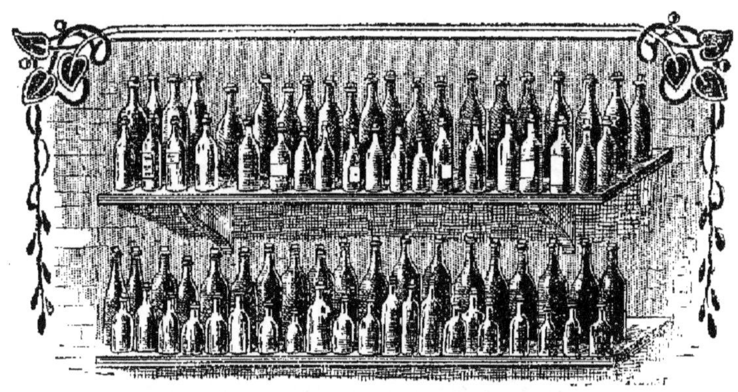

*Quatre-vingts* (**80**) bouteilles.

# DE QUATRE-VINGTS (**80**)
# A QUATRE-VINGT-DIX (**90**)

*Soixante-dix-neuf* et *un* font *quatre-vingts* ou *huit* dizaines.

*Huit dizaines* ou *quatre-vingts* (**80**).

En ajoutant à quatre-vingts les neuf premiers nombres, on a successivement :

| | |
|---|---|
| *Quatre-vingt-un* . . . . | **81** |
| *Quatre-vingt-deux* . . . | **82** |
| *Quatre-vingt-trois* . . . | **83** |
| *Quatre-vingt-quatre* . . | **84** |
| *Quatre-vingt-cinq* . . . | **85** |
| *Quatre-vingt-six* . . . . | **86** |
| *Quatre-vingt-sept* . . . | **87** |
| *Quatre-vingt-huit* . . . | **88** |
| *Quatre-vingt-neuf* . . . | **89** |

Ces nombres sont formés de **8** dizaines et de 0, 1, ..., 9 unités.

*On écrit d'abord **8** (chiffre des dizaines), puis à droite le chiffre des unités que l'on a ajoutées (unités simples).*

---

## EXERCICES

**278.** Combien font :

| 83 et **10** | 89 et **10** | 84 et **10** | 81 et **10** | 87 et **10** |
|---|---|---|---|---|
| 85 et **10** | **10** et 80 | **10** et 86 | **10** et 88 | **10** et 82 |

**279.** Combien font :

| 56 et **30** | **40** et **45** | 30 et 57 | 28 et 60 | 63 et 20 |
|---|---|---|---|---|
| 50 et **32** | **60** et **28** | 20 et 65 | 46 et 40 | 60 et 20 |

**280.** Additionner :

| 7 et **74** | 73 et **9** | 78 et **8** | 9 et **79** | 4 et **76** |
|---|---|---|---|---|
| 5 et **78** | 8 et **76** | 77 et **7** | 6 et **76** | 75 et **5** |

**281.** Écrire en complétant :

$$57 + . = 87 \qquad 46 + . + 10 = 86$$
$$50 + 19 + 20 = . \qquad 56 + 20 + . = 85$$

| | | | |
|---|---|---|---|
| **282.** Compter oralement par **9** de **4** à **85** | | | |
| **283.** | — | — | **2** à **83** |
| **284.** | — | — | **5** à **86** |
| **285.** | — | — | **7** à **88** |
| **286.** | — | — | **1** à **82** |
| **287.** | — | — | **8** à **89** |
| **288.** | — | — | **3** à **84** |
| **289.** | — | — | **6** à **87** |
| **290.** | — | — | **9** à **90** (multiples de **9**) |

et écrire à la suite les nombres trouvés : 1° avec des chiffres ; 2° en toutes lettres.

**291.** Je possède **3** pièces de **20** francs, **2** pièces de **10** francs et **2** pièces de **1** franc. Combien ai-je de francs ?

**292.** J'ai payé des emplettes dans un grand magasin avec un billet de **50** francs et **2** pièces de **20** francs ; on m'a rendu **2** pièces de **2** francs et **2** pièces de **1** franc. Combien ai-je dépensé ?

**293**. Pierre a gagné dans une semaine **20** bons points, la semaine suivante il en a gagné **30**, puis **20**, puis **25**. Combien en a-t-il en tout?

**294**. Un fermier a **60** moutons, **15** vaches et **8** chevaux. Combien a-t-il de pièces de bétail?

**295**. Un débitant avait une petite pièce contenant **86** litres d'eau-de-vie; il en vend d'abord **9** litres, puis **7** litres. Combien lui en reste-t-il?

---

## MULTIPLICATION ET DIVISION PAR 9

| MULTIPLICATION | DIVISION |
|---|---|
| 9 fois 1 font 9 | En 9, il y a 1 fois 9 |
| 9 — 2 — 18 | — 18, — 2 — 9 |
| 9 — 3 — 27 | — 27, — 3 — 9 |
| 9 — 4 — 36 | — 36, — 4 — 9 |
| 9 — 5 — 45 | — 45, — 5 — 9 |
| 9 — 6 — 54 | — 54, — 6 — 9 |
| 9 — 7 — 63 | — 63, — 7 — 9 |
| 9 — 8 — 72 | — 72, — 8 — 9 |
| 9 — 9 — 81 | — 81, — 9 — 9 |
| 9 — 10 — 90 | — 90, — 10 — 9 |

Les nombres suivants : 9, 18, 27, 36, 45, 54, 63, 72, 81, 90, sont *divisibles* par 9.

Diviser un nombre par 9, c'est en prendre le *neuvième*.

Les autres nombres ne sont pas divisibles par 9.

Leur division par 9 donne un reste toujours inférieur à 9 (diviseur).

Exemple. — *En **71** combien de fois **9**?*

Il y va 7 fois, car 9 fois 7 font 63, ôté de 71, reste 8.

Le quotient est 7 et le reste est 8.

---

## EXERCICES

Répondre aux questions suivantes :

**296.** En **46, 53, 67, 74, 88, 20, 52, 68, 80, 45, 30, 41, 63, 85, 14, 24, 38, 51,** combien de fois **9**, et quel est le reste de chaque opération?

**296.** J'ai acheté **9** pommes à **4** sous pièce. Combien ai-je dépensé?

**298.** On veut partager également **81** prunes entre **9** enfants. Combien chacun en aura-t-il?

**299.** Un libraire a vendu **8** volumes à **4** francs pièce et **8** autres à **5** francs. Combien a-t-il reçu de francs?

**300.** Un robinet a versé **63** litres d'eau en **9** minutes. Combien verse-t-il d'eau par minute?

**301.** Si je possède **39** sous, combien me manque-t-il pour pouvoir acheter **5** objets à **9** sous pièce?

Quatre - vingt - dix **(90)** volumes.

# DE QUATRE-VINGT-DIX **(90)**
## A CENT **(100)**

*Quatre-vingt-neuf* et **un** font *quatre-vingt-dix* ou **neuf** dizaines.

*Neuf dizaines* ou *quatre-vingt-dix* **(90)**.

En ajoutant à quatre-vingt-dix les neuf premiers nombres, on obtient successivement :

*Quatre-vingt-onze* . . . **91**
*Quatre-vingt-douze.* . . **92**
*Quatre-vingt-treize.* . . **93**
*Quatre-vingt-quatorze.* . **94**
*Quatre-vingt-quinze* . . **95**
*Quatre-vingt-seize* . . . **96**
*Quatre-vingt-dix-sept.* . **97**
*Quatre-vingt-dix-huit.* . **98**
*Quatre-vingt-dix-neuf* . **99**

Ces nombres sont formés de **9** dizaines et de 0, 1, ..., 9 unités.

*On écrit d'abord 9 (chiffre des dizaines), puis à sa droite le chiffre des unités que l'on a ajoutées (unités simples).*

**Cent.** — Si l'on ajoute *une* unité au nombre *quatre-vingt-dix-neuf*, on obtient le nombre **cent** (**100**), qui est formé de *dix* dizaines.

***

## EXERCICES

**302.** Combien font :

84 et **10**    89 et **10**    87 et **10**    **10** et 81    85 et **10**

83 et **10**    88 et **10**    **10** et **82**    **10** et 86    **10** et 80

**303.** Combien font :

92 et 5    87 et 6    88 et 9    7 et 83    8 et 85

9 et 89    84 et 7    87 et 8    89 et 3    7 et 86

**304.** Écrire en complétant :

$$40 + 27 + . = 97 \qquad 38 + 50 + . = 96$$
$$63 + 9 + . = 92 \qquad 39 + 9 + 50 = .$$

**305.** Une fermière a vendu un jour **40** œufs et le lendemain **54**. Combien en a-t-elle vendu en tout ?

**306.** Un fermier avait **97** moutons ; il en vend **6** et **3** autres meurent. Combien lui en reste-t-il ?

**307.** Compter au rebours de **2** en **2** de **100** à **60**.

**308.** Compter au rebours de **3** en **3** de **90** à **60**.

**309.** Compter de **5** en **5** au rebours de **100** à **5**.

**310.** Dans les nombres suivants, supposés écrits avec des chiffres : cinquante-neuf, quatre-vingt-quatorze, soixante-quinze, quarante-six, quatre-vingt-dix-huit, soixante et onze, quel est le chiffre des dizaines ? Quel est le chiffre des unités ?

## TABLEAU DES CENT PREMIERS NOMBRES

| | | | | | | | | |
|---|---|---|---|---|---|---|---|
| Un | 1 | Vingt et un | 21 | Quarante et un | 41 | Soixante et un | 61 | Quatre-vingt-un | 81 |
| Deux | 2 | Vingt-deux | 22 | Quarante-deux | 42 | Soixante-deux | 62 | Quatre-vingt-deux | 82 |
| Trois | 3 | Vingt-trois | 23 | Quarante-trois | 43 | Soixante-trois | 63 | Quatre-vingt-trois | 83 |
| Quatre | 4 | Vingt-quatre | 24 | Quarante-quatre | 44 | Soixante-quatre | 64 | Quatre-vingt-quatre | 84 |
| Cinq | 5 | Vingt-cinq | 25 | Quarante-cinq | 45 | Soixante-cinq | 65 | Quatre-vingt-cinq | 85 |
| Six | 6 | Vingt-six | 26 | Quarante-six | 46 | Soixante-six | 66 | Quatre-vingt-six | 86 |
| Sept | 7 | Vingt-sept | 27 | Quarante-sept | 47 | Soixante-sept | 67 | Quatre-vingt-sept | 87 |
| Huit | 8 | Vingt-huit | 28 | Quarante-huit | 48 | Soixante-huit | 68 | Quatre-vingt-huit | 88 |
| Neuf | 9 | Vingt-neuf | 29 | Quarante-neuf | 49 | Soixante-neuf | 69 | Quatre-vingt-neuf | 89 |
| **Dix** | **10** | **Trente** | **30** | **Cinquante** | **50** | **Soixante-dix** | **70** | **Quatre-vingt-dix** | **90** |
| Onze | 11 | Trente et un | 31 | Cinquante et un | 51 | Soixante et onze | 71 | Quatre-vingt-onze | 91 |
| Douze | 12 | Trente-deux | 32 | Cinquante-deux | 52 | Soixante-douze | 72 | Quatre-vingt-douze | 92 |
| Treize | 13 | Trente-trois | 33 | Cinquante-trois | 53 | Soixante-treize | 73 | Quatre-vingt-treize | 93 |
| Quatorze | 14 | Trente-quatre | 34 | Cinquante-quatre | 54 | Soixante-quatorze | 74 | Quatre-vingt-quatorze | 94 |
| Quinze | 15 | Trente-cinq | 35 | Cinquante-cinq | 55 | Soixante-quinze | 75 | Quatre-vingt-quinze | 95 |
| Seize | 16 | Trente-six | 36 | Cinquante-six | 56 | Soixante-seize | 76 | Quatre-vingt-seize | 96 |
| Dix-sept | 17 | Trente-sept | 37 | Cinquante-sept | 57 | Soixante-dix-sept | 77 | Quatre-vingt-dix-sept | 97 |
| Dix-huit | 18 | Trente-huit | 38 | Cinquante-huit | 58 | Soixante-dix-huit | 78 | Quatre-vingt-dix-huit | 98 |
| Dix-neuf | 19 | Trente-neuf | 39 | Cinquante-neuf | 59 | Soixante-dix-neuf | 79 | Quatre-vingt-dix-neuf | 99 |
| **Vingt** | **20** | **Quarante** | **40** | **Soixante** | **60** | **Quatre-vingts** | **80** | **Cent** | **100** |

## PRINCIPES DE LA NUMÉRATION
## DE DIX (**10**) A CENT (**100**)

*Pour désigner les nombres compris entre dix et quatre-vingt-dix-neuf, on les décompose en dizaines et unités.*

Ainsi je veux compter les billes que je possède. Je remplis des petits sacs de dix billes chacun autant que je peux.

Il peut rester, en plus des sacs pleins, des billes qui ne sont pas assez nombreuses pour remplir entièrement un sac de dix billes complet : ce sont ces billes restantes qui forment les **unités simples** du nombre total de billes.

Le nombre des sacs de dix billes est le nombre des *dizaines.*

**I. — *Pour énoncer le nombre total, j'énonce d'abord le nombre des dizaines, que je sais compter, puis le nombre restant inférieur à dix.***

EXEMPLE. — J'ai trouvé trois sacs de dix billes et en plus quatre billes. J'énonce ce

nombre de billes (trois dizaines et quatre unités) :

*trente-quatre billes.*

*S'il n'y a pas d'unités, j'énonce simplement les dizaines.*

Si j'ai trois dizaines de billes et pas d'unités, j'énonce :

*trente billes.*

---

### QUESTIONNAIRE ET EXERCICES

**311.** Comment opère-t-on pour désigner de vive voix un nombre compris entre dix et quatre-vingt-dix-neuf?

**312.** Dans les nombres suivants : soixante-dix-huit, quatre-vingt-neuf, quatre-vingt-quatorze, cinquante-six, dix-neuf, treize, quarante-quatre, trente-sept, soixante, combien y a-t-il de dizaines et combien d'unités simples?

**313.** Comment énonce-t-on les nombres formés de quatre dizaines et cinq unités simples, neuf dizaines et neuf unités simples, sept dizaines et trois unités simples, une dizaine et cinq unités.

---

## ÉCRITURE ET LECTURE DES NOMBRES
## DE UN (**1**) A CENT (**100**)

Les nombres de *un* (**1**) à *dix* (**10**) s'écrivent avec *un seul* chiffre. — Ils sont formés d'*unités simples* seulement.

Les nombres de *dix* (**10**) à *cent* (**100**) s'écrivent avec *deux* chiffres. Ils sont formés de *dizaines* (en nombre moindre que dix) et d'*unités simples*.

**I. — *On écrit à gauche le chiffre des dizaines et à la droite le chiffre des unités.***

Exemple. — Cinquante-huit est formé de cinq dizaines et de huit unités.

On l'écrit :                **5 8**

chiffre des dizaines   chiffre des unités

**II. — *Quand le nombre à écrire ne comprend que des dizaines et pas d'unités simples, on écrit le chiffre de ces dizaines suivi d'un zéro.***

Exemple. — Soixante-dix est formé de sept dizaines et ne contient pas d'unités simples.

On l'écrit :                **7 0**

chiffre des dizaines   chiffre des unités

Le zéro indique l'absence d'unités simples.

***Pour lire un nombre écrit de deux chiffres, on lit d'abord les dizaines, en énonçant dix, vingt, trente, quarante, ..., quatre-vingt-dix pour une, deux, trois, quatre, ..., neuf dizaines, puis les unités.***

Exemple. — **38** (trois dizaines, huit unités) se lit :

*trente-huit.*

## I. — On dit :

| | |
|---|---|
| Onze. . . . . . . | pour dix-un |
| Douze . . . . . . | » dix-deux |
| Treize . . . . . . | » dix-trois |
| Quatorze . . . . . | » dix-quatre |
| Quinze . . . . . . | » dix-cinq |
| Seize. . . . . . . | » dix-six |

## II. — On dit :

| | |
|---|---|
| Soixante et onze. . . | pour soixante-dix-un |
| Soixante-douze . . . | » soixante-dix-deux |
| Soixante-treize . . . | » soixante-dix-trois |
| Soixante-quatorze . . | » soixante-dix-quatre |
| Soixante-quinze. . . | » soixante-dix-cinq |
| Soixante-seize. . . . | » soixante-dix-six |

## III. — On dit :

| | |
|---|---|
| Quatre-vingt-onze. . | pour quatre-vingt-dix-un |
| Quatre-vingt-douze . | » quatre-vingt-dix-deux |
| Quatre-vingt-treize. . | » quatre-vingt-dix-trois |
| Quatre-vingt-quatorze | » quatre-vingt-dix-quatre |
| Quatre-vingt-quinze . | » quatre-vingt-dix-cinq |
| Quatre-vingt-seize. . | » quatre-vingt-dix-six |

## EXERCICES

**314.** Quels sont les nombres de deux chiffres? — d'un seul chiffre

**315.** Écrire en toutes lettres les nombres suivants : 78, 49, 26, 71, 94, 85, 68, 23, 42, 67, 96, 70, 99, 74, 46, 77, 93, 55, 29, 92, 75, 90.

# TABLE DE MULTIPLICATION

| | | |
|---|---|---|
| 2 fois 1 font 2 | 5 fois 1 font 5 | 8 fois 1 font 8 |
| 2 — 2 — 4 | 5 — 2 — 10 | 8 — 2 — 16 |
| 2 — 3 — 6 | 5 — 3 — 15 | 8 — 3 — 24 |
| 2 — 4 — 8 | 5 — 4 — 20 | 8 — 4 — 32 |
| 2 — 5 — 10 | 5 — 5 — 25 | 8 — 5 — 40 |
| 2 — 6 — 12 | 5 — 6 — 30 | 8 — 6 — 48 |
| 2 — 7 — 14 | 5 — 7 — 35 | 8 — 7 — 56 |
| 2 — 8 — 16 | 5 — 8 — 40 | 8 — 8 — 64 |
| 2 — 9 — 18 | 5 — 9 — 45 | 8 — 9 — 72 |
| 3 fois 1 font 3 | 6 fois 1 font 6 | 9 fois 1 font 9 |
| 3 — 2 — 6 | 6 — 2 — 12 | 9 — 2 — 18 |
| 3 — 3 — 9 | 6 — 3 — 18 | 9 — 3 — 27 |
| 3 — 4 — 12 | 6 — 4 — 24 | 9 — 4 — 36 |
| 3 — 5 — 15 | 6 — 5 — 30 | 9 — 5 — 45 |
| 3 — 6 — 18 | 6 — 6 — 36 | 9 — 6 — 54 |
| 3 — 7 — 21 | 6 — 7 — 42 | 9 — 7 — 63 |
| 3 — 8 — 24 | 6 — 8 — 48 | 9 — 8 — 72 |
| 3 — 9 — 27 | 6 — 9 — 54 | 9 — 9 — 81 |
| 4 fois 1 font 4 | 7 fois 1 font 7 | 10 fois 1 font 10 |
| 4 — 2 — 8 | 7 — 2 — 14 | 10 — 2 — 20 |
| 4 — 3 — 12 | 7 — 3 — 21 | 10 — 3 — 30 |
| 4 — 4 — 16 | 7 — 4 — 28 | 10 — 4 — 40 |
| 4 — 5 — 20 | 7 — 5 — 35 | 10 — 5 — 50 |
| 4 — 6 — 24 | 7 — 6 — 42 | 10 — 6 — 60 |
| 4 — 7 — 28 | 7 — 7 — 49 | 10 — 7 — 70 |
| 4 — 8 — 32 | 7 — 8 — 56 | 10 — 8 — 80 |
| 4 — 9 — 36 | 7 — 9 — 63 | 10 — 9 — 90 |

**Remarque sur la table de multiplica-tion.** — Si l'on échange entre eux le multiplicande et le multiplicateur, le produit n'est pas changé.

Exemple :

**7** fois **8** font **56.**

Multiplicateur    Multiplicande    Produit

**8** fois **7** font **56.**

Multiplicateur    Multiplicande    Produit

On peut donc écrire :

$$8 \times 7 = 7 \times 8,$$

8 multiplié par 7 égale 7 multiplié par 8.

# LES CENTAINES

En ajoutant **un (1)** à *quatre-vingt-dix-neuf* **(99)**, on obtient **cent (100)** ou *une centaine.*

Ce nombre est formé de **10** dizaines.

Quand j'ai 10 sacs de 10 billes, je mets ces billes dans un sac plus grand qui contient une centaine de billes ou 100 billes.

**Une centaine** vaut ***dix dizaines.***

## EXERCICES

**316.** Comment énonce-t-on le nombre formé de deux centaines et de quatre centaines, de trois centaines et de six centaines, de cinq centaines et de quatre centaines, de trois centaines et de quatre centaines?

**317.** Écrire ces nombres avec des chiffres.

On compte les centaines comme les unités simples et les dizaines, et l'on a :

UNE CENTAINE de billes ou CENT billes.............. 100

{ DEUX CENTAINES
{ ou DEUX CENTS     200

{ TROIS CENTAINES
{ ou TROIS CENTS     300

{ QUATRE CENTAINES
{ ou QUATRE CENTS     400

{ CINQ CENTAINES
{ ou CINQ CENTS     500

{ SIX CENTAINES
{ ou SIX CENTS     600

{ SEPT CENTAINES
{ ou SEPT CENTS     700

{ HUIT CENTAINES
{ ou HUIT CENTS     800

{ NEUF CENTAINES
{ ou NEUF CENTS     900

Pour écrire un nombre quelconque de centaines, on écrit le chiffre qui représente ce nombre de centaines, puis deux zéros à sa droite.

# NOMBRES COMPRIS ENTRE CENT (**100**) ET DEUX CENT (**200**)

*Pour former les nombres compris entre cent et deux cent, on ajoute à cent (**100**) les quatre-vingt-dix-neuf (**99**) premiers nombres.*

On obtient ainsi successivement :

| | | | | |
|---|---|---|---|---|
| cent un | cent onze | cent vingt et un | . . . . . | cent quatre-vingt-onze |
| cent deux | cent douze | . . . . . | . . . . | cent quatre-vingt-douze |
| . . . . | . . . . . | . . . . . | . . . . | . . . . . . . |
| . . . . | cent dix-neuf | . . . . . | . . . . | . . . . . . . |
| cent dix | cent vingt | cent trente | . . . . . | cent quatre-vingt-dix-neuf |

Tous ces nombres sont formés de **1** centaine, et de *dizaines* et d'*unités simples,* ou d'*unités simples* seulement.

*Pour écrire ces nombres, on écrit d'abord le chiffre **1** (chiffre des centaines), puis à sa droite le chiffre des dizaines et à la droite du chiffre des dizaines le chiffre des unités du nombre que l'on a ajouté à une centaine.*

Quand il n'y a pas de dizaines ou d'unités, on remplace les chiffres correspondants par des *zéros.*

EXEMPLE I. — ***Cent vingt-sept*** (1 centaine, 2 dizaines, 7 unités) s'écrit :

**1 2 7**

chiffre des centaines — chiffre des dizaines — chiffre des unités

EXEMPLE II. — ***Cent huit*** (1 centaine, 0 dizaine, 8 unités) s'écrit :

**1 0 8**

chiffre des centaines — chiffre des dizaines — chiffre des unités

EXEMPLE III. — ***Cent cinquante*** (1 centaine, 5 dizaines, 0 unité) s'écrit :

**1 5 0**

chiffre des centaines — chiffre des dizaines — chiffre des unités

*Pour lire un nombre compris entre cent (**100**) et deux cent (**200**), on lit d'abord cent, puis le nombre de deux chiffres qui suit, en omettant de nommer les dizaines si leur chiffre est **0**.*

EXEMPLES. — **124** se lit :

*cent vingt-quatre.*

**103** se lit :

*cent trois.*

## EXERCICES

**318.** Comment forme-t-on les nombres compris entre **100** et **200**?

**319.** Comment les écrit-on et les lit-on?

**320.** Écrire avec des chiffres les nombres suivants : cent quarante, cent cinquante-sept, cent quatre-vingt-douze, cent soixante et onze, cent seize, cent quarante-quatre, cent soixante-dix-sept, cent neuf, cent quatre-vingt-dix?

**321.** Indiquer dans chacun des nombres précédents le chiffre des centaines, celui des dizaines, celui des unités simples.

**322.** Écrire en toutes lettres les nombres suivants : **113, 144, 103, 193, 172, 109, 116, 106, 140, 170, 111, 166.**

**323.** Indiquer dans chacun des nombres précédents le chiffre des centaines, celui des dizaines, celui des unités simples.

**324.** Compter de **5** en **5** de **100** à **200**.

**325.** Je possède un billet de **100** francs, un autre de **50**, deux pièces de **20** francs et **8** pièces de **1** franc. Combien ai-je de francs?

**326.** J'ai payé une emplette avec deux billets de **100** francs et l'on m'a rendu **7** francs. Quelle somme ai-je dépensée?

---

## NOMBRES COMPRIS ENTRE DEUX CENTAINES CONSÉCUTIVES

*On forme les nombres compris entre deux centaines consécutives en ajoutant successivement à chaque centaine les quatre-vingt-dix-neuf (99) premiers nombres, jusqu'au nombre obtenu en ajoutant* **99** *à* **900.**

Pour désigner ces nombres, on énonce le nombre des centaines (cent, deux cent, ..., neuf cent), puis le nombre inférieur à cent que l'on a ajouté.

EXEMPLE. — Le nombre formé en ajoutant cinquante-trois à quatre centaines s'énonce :

### *quatre cent cinquante-trois.*

Le nombre formé de neuf centaines et de quatre-vingt-dix-neuf s'énonce :

### *neuf cent quatre-vingt-dix-neuf.*

Tous ces nombres sont formés de centaines, de dizaines et d'unités simples, — ou de centaines et de dizaines, — ou de centaines et d'unités simples, — ou de centaines seulement.

*Pour les écrire, on écrit le chiffre des centaines, puis à sa droite le chiffre des dizaines, puis à la droite de celui-ci le chiffre des unités simples.*

On remplace au besoin par un *zéro* les unités ou dizaines qui manquent.

EXEMPLE I. — Le nombre cinq cent soixante-treize (formé de 5 unités, 7 dizaines, 3 unités) s'écrit :

**5  7  3**

chiffre des centaines    chiffre des dizaines    chiffre des unités

Exemple II. — Le nombre huit cent six (formé de 8 centaines, 0 dizaine, 6 unités) s'écrit :

**8 0 6**

chiffre des centaines · chiffre des dizaines · chiffre des unités

Exemple III. — Le nombre sept cent quarante (7 centaines, 4 dizaines, 0 unité) s'écrit :

**740.**

Exemple IV. — Le nombre six cent (6 centaines, 0 dizaine, 0 unité) s'écrit :

**600.**

Les nombres compris entre cent (100) et neuf cent quatre-vingt-dix-neuf (999) s'écrivent avec **3** chiffres.

*Pour lire ces nombres de trois chiffres, on lit de gauche à droite : **1°** le chiffre des centaines qu'on fait suivre du mot cent ; **2°** le nombre suivant (inférieur à cent), en omettant de nommer les dizaines si leur chiffre est **0**.*

Exemple. — **879**

se lit : huit cent soixante-dix-neuf.

Exemple. — **708**

se lit : sept cent huit.

# LE NOMBRE MILLE (**1 000**)

Le nombre obtenu en ajoutant **un** (**1**) à
*neuf cent quatre-vingt-dix-neuf* (**999**)
se nomme *mille* et s'écrit **1000**.
Il est également formé de *dix centaines*.

---

## EXERCICES

**327.** Écrire avec des chiffres les nombres suivants :
cinq cent vingt-quatre, huit cent sept, neuf cent soixante-
douze, sept cent quarante, six cent quatre-vingt-dix-huit,
deux cent six, trois cent soixante-cinq, quatre cent vingt-
deux, cinq cent soixante.

**328.** Indiquer dans chacun des nombres précédents les
chiffres des centaines, celui des dizaines, celui des unités
simples.

**329.** Écrire en toutes lettres les nombres suivants :
**318, 474, 806, 999, 555, 348, 283, 416, 376,
891**.

**330.** Indiquer dans chacun de ces nombres le chiffre
des centaines, celui des dizaines et celui des unités
simples.

**331.** Compter les nombres pairs (de deux en deux) de
**500** à **600**.

**332.** Si chaque semaine a **7** jours, combien y a-t-il de
jours dans **100** semaines?

**333.** Écrire au rebours les nombres de **6** en **6** depuis
**300** jusqu'à **204**.

**334.** On a payé un bœuf avec **5** billets de **100** francs,
un billet de **50** francs, **3** pièces de **10** francs et une pièce
de **5** francs. Quel est le prix du bœuf?

**335.** Dans une pépinière il y a **150** pommiers,
**200** poiriers et **48** pêchers. Combien y a-t-il d'arbres à
fruit?

**336**. Un caissier avait **657** francs dans sa caisse ; il reçoit deux billets de **100** francs. Combien a-t-il en caisse ?

**337**. Un marchand de chevaux achète un cheval **450** francs. Combien doit-il le revendre pour gagner **50** francs ?

**338**. Un troupeau contenait **353** moutons. S'il en meurt **9** de maladie, combien en reste-t-il ?

**339**. Dans une école, il y a **253** élèves. S'il y en a **8** malades, combien y a-t-il d'élèves présents ?

---

# RÉSUMÉ DE LA NUMÉRATION
## DE **100** A **1 000**

*Pour désigner les nombres compris entre cent (**100**) et neuf cent quatre-vingt-dix-neuf (**999**), on les décompose en centaines, dizaines et unités.*

Ainsi je veux compter un grand nombre de billes. Je forme des sacs de cent billes chacun, autant que je le peux. Il me reste des billes en nombre insuffisant pour remplir juste un sac de cent billes, il me reste moins de cent billes.

Je forme avec ces billes restantes des sacs de dix billes autant que je le peux.

Il me reste le plus souvent des billes en nombre insuffisant pour remplir juste un sac de dix billes : je les mets à part.

J'obtiens donc : des *sacs de cent billes :* ce nombre de sacs est celui des *centaines ;*

Des *sacs de dix billes* (il y a moins de

dix de ces sacs), leur nombre est celui des *dizaines;*

Des billes restantes *(neuf* au plus), leur nombre est celui des **unités simples.**

Pour énoncer le nombre total de billes à compter, j'énonce d'abord le nombre des **centaines,** puis le nombre des **dizaines,** puis le nombre des **unités.**

EXEMPLE I. — J'ai trouvé trois sacs de cent billes, trois sacs de dix billes et sept billes.

J'énonce ce nombre (trois centaines, trois dizaines, sept unités) :

trois cent trente-sept billes.

EXEMPLE II. — J'ai trouvé deux sacs de cent billes et cinq billes.

J'énonce ce nombre (formé de 2 centaines, 0 dizaine, 5 unités) :

deux cent cinq.

# CONVENTIONS DE LA NUMÉRATION
## DE UN (1) A MILLE (1 000)

I. — *Une unité de chaque ordre vaut **dix** unités de l'ordre immédiatement inférieur.*

Une **dizaine** (unité de $2^e$ ordre) vaut **dix unités simples** (unités du $1^{er}$ ordre).

Une **centaine** (unité de $3^e$ ordre) vaut **dix dizaines** (unités du $2^e$ ordre).

II. — *Tout chiffre placé à la gauche d'un autre représente des unités dix fois plus grandes que ce dernier.*

EXEMPLE. — Soit le nombre cinq cent trente-sept ; je l'écris :

## 537.

5 représente des centaines d'unités dix fois plus fortes que les dizaines, que représente 3.

3 représente des dizaines d'unités dix fois plus fortes que les unités simples, que représente 7.

---

## EXERCICES

**340.** Écrire les deux conventions de la numération des nombres de **1** à **1 000**.

**341.** A quel rang à partir de la droite faut-il écrire un chiffre pour qu'il représente des centaines ? — des dizaines ? — des unités simples ?

# LA DOUZAINE (12)

**Compter par douzaines.** — Beaucoup d'objets s'achètent par douzaines (groupes de 12 objets) ou demi-douzaines (groupes de 6 objets).

Ainsi on achète par douzaines ou demi-douzaines des chemises, des serviettes, des mouchoirs, des livres, des œufs, etc.

|  |  |  |  |  |
|---|---|---|---|---|
| 1 | douzaine | vaut | 12 | unités |
| 2 | douzaines | valent | 24 | » |
| 3 | » | » | 36 | » |
| 4 | » | » | 48 | » |
| 5 | » | » | 60 | » |
| 6 | » | » | 72 | » |
| 7 | » | » | 84 | » |
| 8 | » | » | 96 | » |
| 9 | » | » | 108 | » |
| 10 | » | » | 120 | » |
| 11 | » | » | 132 | » |
| 12 | » | » | 144 | » |

12 douzaines s'appellent parfois une *grosse*. Ainsi une *grosse* de crayons est formée de 12 douzaines de crayons ou 144 crayons.

------

## EXERCICES

**342.** Combien y a-t-il d'œufs dans **5** douzaines? — dans **8** douzaines? — dans **6** douzaines? — dans **15** douzaines?

**343.** Combien y a-t-il de mouchoirs dans **3** douzaines et demie? — **7** douzaines? — **4** demi-douzaines? — **9** douzaines et demie?

**344.** On paye des mouchoirs **4** francs la demi-douzaine. Combien coûteront **7** douzaines?

**345.** Combien **72** chemises font-elles de douzaines?

**346.** On a vendu **8** douzaines et demie de serviettes à **1** franc pièce. Combien a-t-on reçu?

**347.** Si une douzaine de manchettes coûtent **6** francs, combien coûtent **6** manchettes?

**348.** Combien y a-t-il de paires de mouchoirs dans **3** douzaines et demie?

**349.** Un libraire a acheté **4** douzaines de volumes chez un éditeur et en a reçu **1** de plus par douzaine. Combien en a-t-il reçu?

**350.** Ma mère a acheté **2** douzaines de gâteaux chez le pâtissier et celui-ci en a donné **1** en plus par demi-douzaine. Combien a-t-elle rapporté de gâteaux?

**351.** Une fermière a emporté **8** douzaines d'œufs pour les vendre au marché; elle en a cassé **5** en route. Combien en reste-t-il?

**352.** Ma mère a acheté une douzaine de chemises à **7** francs pièce. Combien a-t-elle dépensé?

# ADDITION

---

I. — *J'avais **sept** billes, j'en gagne* **huit.** *Combien ai-je de billes?*

Pour répondre à cette question, je fais une **addition** et je dis :

**sept** et **huit** font **quinze.**

*Réponse.* — Je possède **quinze** billes.

Quand je n'ai que deux nombres à additionner et qu'ils sont chacun inférieur à dix, je dois dire par cœur le résultat, si je sais bien ma table d'addition (page 34).

II. — Quand les nombres que je dois additionner sont grands, je fais l'opération **par écrit.**

EXEMPLE. — *Un troupeau contenait* **225** *moutons; on en ajoute* **134** *autres.* *Combien y a-t-il de moutons?*

Je veux savoir combien font 225 moutons et 134 moutons. J'additionne les nombres 225 et 134.

L'opération que je vais faire serait la même

si je comptais des unités quelconques. Ainsi j'additionne les nombres sans m'occuper de la nature des objets qu'ils représentent. Pour le faire, j'applique la règle suivante :

**Addition sans retenue. — Règle. —** *J'écris les deux nombres l'un au-dessous de l'autre, les chiffres des unités les uns au-dessous des autres, de même ceux des dizaines et ceux des centaines, et je tire un trait, sous lequel j'écris le résultat ou somme.*

*Je commence l'opération par la droite. J'additionne les unités. J'écris dans la première colonne le chiffre de la somme obtenue.*

*J'additionne les dizaines. J'écris dans la seconde colonne à partir de la droite le chiffre de cette nouvelle somme.*

*J'additionne les centaines. J'écris dans la troisième colonne à partir de la droite le chiffre de cette troisième somme.*

Le nombre écrit est la somme cherchée.

**Disposition de l'opération.**

Nombres à additionner. { 225
134

Somme ou total. 359

Je dis : 5 et 4 font 9, je pose 9 ; puis 2 et 3 font 5, je pose 5 ; 2 et 1 font 3, je pose 3.

J'obtiens donc 359 pour somme.

J'écris donc :

$$225 + 134 = 359$$

(225 plus 134 égale 359).

**Signe.** — Le signe $+$ *est le signe de l'addition. Il s'énonce* **plus.**

Si donc il y avait d'abord 225 moutons, puis qu'on en ajoute 134 autres, il y a en tout 359 moutons.

**Addition avec retenue.** — **Règle.** — *Quand, en additionnant les nombres d'une même colonne, je trouve un nombre qui dépasse neuf, j'écris à la somme le chiffre de ces unités dans la colonne correspondante, et je retiens le chiffre des dizaines pour l'ajouter aux nombres de la colonne suivante à gauche.*

EXEMPLE I. — *Je veux additionner* **493** *et* **248.**

J'écris :

| | |
|---|---|
| Nombres à additionner. | 493 |
| | 248 |
| Somme ou total. | 741 |

Je dis : 3 et 8 font 11 ; je pose 1 et je retiens 1 ; 1 de retenue et 9 font 10, et 4 font 14 ; je pose 4 et je retiens 1 ; 1 de retenue et 4 font 5, et 2 font 7 ; je pose 7.

J'ai donc :

$$493 + 248 = 741.$$

EXEMPLE II. — *Je veux additionner* **324, 548 *et* 119.**

J'écris ces nombres ainsi :

$$
\begin{array}{rr}
\text{Nombres} & 324 \\
\text{à additionner.} & 548 \\
& 119 \\
\hline
\text{Somme ou total.} & 991
\end{array}
$$

Je dis : · 4 et 8 font 12 et 9 font 21, je pose 1 et je retiens 2 ; 2 de retenue et 2 font 4 et 4 font 8 et 1 font 9, je pose 9 ; 3 et 5 font 8 et 1 font 9, je pose 9.

Je puis donc écrire :

$$324 + 548 + 119 = 991.$$

**Calcul mental dans l'addition de deux nombres de deux chiffres.** — Il ne faut faire d'opération écrite que lorsqu'il s'agit de nombres assez grands. Pour deux nombres de deux chiffres, il faut pouvoir dire de tête le résultat.

*Pour additionner deux nombres de deux chiffres, on ajoute successivement au premier les dizaines, puis les unités du second.*

EXEMPLE I. — *Combien font* **24 *et* 35 ?**

24 et 30 font 54 et 5 font :

**59.**

EXEMPLE II. — *Combien font 37 et 48?*

37 et 40 font 77 et 8 font :

## 85.

---

### EXERCICES

Additionner mentalement :

| 353. | 43 et 16 | 354. | 43 et 37 | 355. | 38 et 53 |
|---|---|---|---|---|---|
| | 52 et 25 | | 28 et 54 | | 44 et 39 |
| | 41 et 24 | | 37 et 46 | | 36 et 25 |
| | 87 et 11 | | 49 et 29 | | 27 et 47 |
| | 21 et 78 | | 28 et 62 | | 65 et 18 |

**355** *bis.* Compter par **25** de **25** à **1 000.**

**356.** On a payé **18** francs pour une brebis et **22** francs pour une autre. Combien a-t-on payé pour les deux?

**357.** Un paysan a acheté deux moutons, l'un pour **29** francs, l'autre pour **33** francs. Combien a-t-il dépensé?

**358.** Paul a **27** billes; Georges en a **13** de plus, et Jacques en a **6** de plus que Georges. Combien chacun a-t-il de billes?

### Additions sans retenue.

Effectuer les additions suivantes :

| 359. 324 | 360. 608 | 361. 135 |
|---|---|---|
| 453 | 271 | 462 |

| 362. 113 | 363. 206 | 364. 243 | 365. 541 | 366. 444 |
|---|---|---|---|---|
| 241 | 370 | 301 | 135 | 212 |
| 515 | 112 | 242 | 203 | 122 |

| 367. 114 | 368. 543 | 369. 240 | 370. 314 | 371. 216 |
|---|---|---|---|---|
| 231 | 301 | 513 | 241 | 351 |
| 532 | 224 | 136 | 223 | 221 |

| 372. 333 | 373. 411 | 374. 213 |
|---|---|---|
| 204 | 217 | 121 |
| 240 | 160 | 414 |
| | | 131 |

### Additions avec retenue.

Effectuer les additions suivantes :

| 375. 73 | 376. 41 | 377. 26 | 378. 59 | 379. 524 |
|---|---|---|---|---|
| 24 | 53 | 143 | 107 | 146 |
| 46 | 67 | 518 | 46 | 213 |

| 380. 171 | 381. 235 | 382. 507 | 383. 72 | 384. 613 |
|---|---|---|---|---|
| 246 | 176 | 113 | 214 | 143 |
| 312 | 49 | 29 | 118 | 170 |
| 79 | 318 | 63 | 309 | 37 |

Disposer pour l'addition les nombres suivants et effectuer l'opération

385.  $43 + 113 + 29 + 218$

386.  $156 + 593 + 104 + 37$

387.  $29 + 118 + 712 + 35$

388.  $125 + 250 + 375 + 48$

Disposer pour l'addition des nombres suivants et effectuer l'opération :

389. Deux cent quarante-sept, quatre-vingt-dix-huit, trois cent dix-neuf.

390. Cinq cent vingt-quatre, trois cent soixante-dix-huit, cinquante-neuf, cent treize.

391. Trois cent treize, quatre cent soixante-quatre-vingt-sept, cent soixante et onze.

### Problèmes sur l'addition.

392. L'école comprend **4** classes : dans la première il y a **18** élèves, dans la deuxième **35**, dans la troisième **43** et dans la quatrième **29**. Combien y a-t-il d'élèves dans toute l'école?

**393.** Un pommier a donné **93** pommes, un autre en a donné **103** et un troisième en a donné **78**. Quel est le nombre total de pommes fournies par ces trois arbres?

**394.** Un marchand d'étoffe a vendu **135** mètres de drap, **243** mètres de calicot et **273** mètres de toile. Combien a-t-il vendu de mètres en tout?

**395.** Un cheval a coûté **735** francs; un autre a coûté **143** francs de plus que le premier. Quel est le prix du second?

**396.** Pour venir à l'école, je parcours trois rues : la première a **275** mètres de long, la deuxième a **412** mètres et la troisième **118** mètres. Quel est en mètres le chemin que je parcours ainsi?

**397.** Janvier a **31** jours, février **28**, mars **31**, avril **30**, mai **31** et juin **30**. Combien y a-t-il de jours dans ces six mois?

**398.** Compter le nombre de jours écoulé du **15** janvier au **23** avril de la même année.

**399.** Un régiment de cavalerie comprend **5** escadrons : le premier a **127** chevaux, le deuxième **136**, le troisième **140**, le quatrième **135** et le cinquième **138**. Combien y a-t-il de chevaux dans ce régiment?

**400.** Dans un train il y a **63** voyageurs de première classe, **119** de deuxième classe et **376** de troisième classe. Combien y a-t-il de voyageurs dans ce train?

# SOUSTRACTION

**Comparer deux nombres.** — Pour comparer deux nombres de trois chiffres, on considère d'abord les centaines. Le nombre qui contient le *plus de centaines* est le *plus grand.*

Si les deux nombres comprennent autant de centaines l'un que l'autre, le *plus grand* est celui qui contient *le plus de dizaines.*

Si les deux nombres comprennent autant de centaines et autant de dizaines l'un que l'autre, *le plus grand* est celui qui contient *le plus d'unités.*

Exemple I. — Quel est le plus grand des deux nombres **735** et **479 ?**

735 contient 7 centaines et 479 n'en contient que 4 ; donc 735 est plus grand que 479.

Exemple II. — Quel est le plus grand des deux nombres **534** et **517 ?**

534 est plus grand que 517.

## EXERCICES

Ranger par ordre croissant les nombres :
401. **624,   578,   926,   834,   979.**
402. **78,   427,   512,   89,   628.**

Ranger par ordre décroissant les nombres :

403. 235,   419,    74,   637,   879.

404. 526,   437,   812,   914,   649.

---

**Soustraction.** — Quand je cherche combien il faut ajouter à un nombre pour obtenir un autre nombre plus grand, je fais une *soustraction* : je *retranche* (ou je *soustrais*) le premier nombre du second.

Exemple. — *J'avais **27** billes ; j'en perds **9**. Combien m'en reste-t-il ?*

Je cherche combien il faut ajouter à 9 pour avoir 27 ; je fais une soustraction : je retranche 9 de 27 et je dis :

**9** *billes ôté de* **27** *billes reste* **18** *billes,*

ou

**27** *billes moins* **9** *billes font* **18** *billes.*

Le résultat de l'opération (ici 18) s'appelle *différence* des deux nombres ou *excès* du plus grand nombre sur le plus petit.

Pour indiquer l'opération, j'emploie le signe — (qui s'énonce *moins*), et j'écris :

$$27 - 9 = 18,$$

27 moins 9 égale 18.

La table de soustraction (page 35), qu'il faut savoir par cœur, donne immédiatement la différence entre un nombre au plus égal à 18 et un nombre d'un seul chiffre.

Dans les cas où les nombres sont grands, je fais l'opération par écrit en appliquant la règle suivante :

**Soustraction sans retenue.** — *J'écris le plus grand nombre et au-dessous de lui le plus petit, les unités sous les unités, les dizaines sous les dizaines, les centaines sous les centaines, puis je tire un trait sous lequel j'écris la différence.*

*Je commence l'opération par la droite. Je retranche le chiffre des unités du second nombre du chiffre des unités du premier, et j'écris à la première colonne à droite la diffé-rence.*

*Je recommence la même opération pour la seconde colonne à droite (celle des dizaines), puis pour la troisième colonne à droite (celle des centaines).*

Le nombre écrit sous le trait est la diffé-rence cherchée.

Exemple. — *Soit à soustraire* **224** *de* **748.**

**Disposition de l'opération.**

Grand nombre. .   748
Petit nombre. . .   224

Différence . . . .   524

Je commence par la droite et je dis :

4 ôté de 8 reste 4; j'écris 4 (chiffre des unités simples).
2 ôté de 4 reste 2; j'écris 2 (        »        dizaines).
2 ôté de 7 reste 5; j'écris 5 (        »        centaines).

La différence cherchée est :

**524.**

On peut donc écrire :

**748 — 224 = 524,**

748 moins 224 égale 524.

**Soustraction avec retenue.** — *Quand le chiffre écrit au-dessous dépasse celui qui est écrit immédiatement au-dessus, j'emprunte une unité de l'ordre suivant au plus grand nombre pour pouvoir faire la soustraction; puis j'augmente d'une unité le chiffre suivant à gauche du petit nombre.*

Exemple. — *Soit à soustraire* **478** *de* **926.**

**Opération :**
$$\begin{array}{r} 926 \\ 478 \\ \hline 448 \end{array}$$

Je ne puis pas retrancher 8 de 6 ; je dis donc :

8 ôté de 16, reste 8 ; je pose 8 (chiffre des unités) et je retiens 1.

7 et 1 font 8, ôté de 12, reste 4 ; je pose 4 (chiffre des dizaines) et je retiens 1.

4 et 1 font 5, ôté de 9, reste 4 ; j'écris 4 (chiffre des centaines).

La différence cherchée est :

**448 ;**

et je puis écrire :

**926 — 478 = 448,**

926 moins 478 égale 448.

**Calcul mental dans la soustraction des nombres de deux chiffres.** — Il faut pouvoir faire de tête et sans rien écrire la soustraction de deux nombres inférieurs à 100. Pour cela :

*On retranche d'abord les dizaines du petit nombre, puis les unités.*

Exemple I. — *Combien font* **74** *moins* **28 ?**

Je dis : 74 moins 20 font 54 ; 54 moins 8 font 46.

Exemple II. — *Combien font* **81** *moins* **46 ?**

Je dis : 81 moins 40 font 41 ; 41 moins 6 font 35.

---

### EXERCICES

#### Calcul mental.

Calculer de tête les différences suivantes :

| 405. | 406. | 407. |
|---|---|---|
| 49 — 13 | 52 — 37 | 92 — 37 |
| 54 — 32 | 73 — 24 | 83 — 56 |
| 76 — 35 | 91 — 73 | 46 — 19 |
| 83 — 41 | 44 — 25 | 50 — 34 |
| 37 — 13 | 67 — 48 | 61 — 38 |
| 44 — 21 | 86 — 39 | 30 — 11 |
| 92 — 70 | 75 — 57 | 95 — 68 |

### Calcul écrit.

I. — Effectuer les soustractions suivantes (sans retenue) :

| 408. 549 | 409. 763 | 410. 999 | 411. 874 | 412. 687 |
|---|---|---|---|---|
| 316 | 602 | 536 | 251 | 453 |

| 413. 475 | 414. 849 | 415. 567 | 416. 378 | 417. 949 |
|---|---|---|---|---|
| 162 | 335 | 333 | 146 | 736 |

II. — Effectuer les soustractions suivantes (avec retenue) :

| 418. 843 | 419. 321 | 420. 811 | 421. 423 | 422. 941 |
|---|---|---|---|---|
| 571 | 149 | 644 | 158 | 677 |

| 423. 350 | 424. 403 | 425. 900 | 426. 811 | 427. 707 |
|---|---|---|---|---|
| 263 | 128 | 275 | 369 | 548 |

| 428. 714 | 429. 534 | 430. 607 | 431. 248 | 432. 823 |
|---|---|---|---|---|
| 679 | 248 | 199 | 163 | 749 |

Disposer pour la soustraction les nombres suivants et
effectuer l'opération :

**433.** Deux cent quatre-vingt-dix moins cent quarante-
six.

**434.** Six cent soixante et onze moins trois cent quatre-
vingt-dix-huit.

**435.** Huit cent six moins quatre cent soixante-sept.

**436.** Sept cent onze moins trois cent cinquante-neuf.

### Problèmes sur la soustraction et l'addition.

**437.** Un employé a gagné **360** francs dans un mois, et
il a dépensé **278** francs. Combien lui reste-t-il?

**438.** J'ai **45** moutons qui valent **945** francs; je vends
**31** moutons qui valent **651** francs. Combien me reste-t-il
de moutons et quelle est leur valeur?

**439.** Une barrique contenait **227** litres de vin; on en a tiré d'abord **98** litres, puis **49** litres. Combien reste-t-il de litres dans la barrique?

**440.** Le fermier Paul est revenu du marché avec **647** francs; son voisin Jacques a vendu pour **258** francs de moins que lui. Combien a-t-il vendu?

**441.** Dans un train il y avait **373** voyageurs. S'il en descend **126** à une station, combien en reste-t-il?

**442.** On a vendu deux jeunes bœufs **978** francs. Si l'un a coûté **512** francs, quel est le prix de l'autre?

**443.** Il me manque **149** francs pour acheter un cheval qui coûte **725** francs. Quelle somme ai-je?

**444.** Deux rues ont ensemble **841** mètres de longueur. Si la première a **618** mètres, combien a l'autre?

**445.** Une marchande avait **296** œufs; elle en a vendu **9** douzaines et demie. Combien lui en reste-t-il?

**446.** Un livre a **375** pages; j'en ai lu **278**. Combien m'en reste-t-il à lire?

**447.** Un joueur avait **208** francs; il ne lui en reste plus que **153**. Combien a-t-il perdu?

**448.** J'ai acheté un cheval et un poulain pour **843** francs; le poulain m'a coûté **125** francs. Quel est le prix du cheval?

**449.** Un marchand avait **417** mètres de drap; il a vendu une première fois **112** mètres et une seconde fois **97** mètres. Combien lui reste-t-il de mètres?

**450.** Un train doit parcourir **864** kilomètres. S'il a parcouru **579** kilomètres, combien lui en reste-t-il encore à parcourir?

**451.** Un fermier avait **845** bottes de fourrage; il en a employé **413** pour nourrir ses bestiaux et en a vendu **248**. Combien lui en reste-t-il?

**452.** Un train doit effectuer un parcours de **561** kilomètres; il lui en reste **347** à parcourir. Quel trajet a-t-il déjà effectué?

**453.** Un caissier avait **315** francs en caisse; il a reçu **618** francs et a payé deux notes l'une de **297** francs et l'autre de **326** francs. Combien lui reste-t-il?

# MULTIPLICATION

---

*J'ai 7 sacs contenant chacun 9 noix.
Combien ai-je de noix en tout?*

Pour répondre à cette question, je fais une **multiplication** et je dis :

**7 fois 9 font 63**

ou          9 multiplié par 7 égale 63.

Le résultat de l'opération (ici **63**) se nomme **produit**.

Le nombre que l'on multiplie (ici **9**) se nomme **multiplicande**.

Le nombre par lequel on multiplie (ici **7**) se nomme **multiplicateur**.

Le multiplicande et le multiplicateur se nomment **facteurs**.

Pour indiquer l'opération à effectuer, j'emploie le signe ✕ (qui s'énonce **multiplié par**) et j'écris :

$$9 \times 7 = 63,$$

9 multiplié par 7 égale 63,

en ayant soin d'écrire d'abord le multiplicande, puis le multiplicateur.

**Le multiplicande et le multiplicateur n'ont qu'un chiffre.** — La table de multiplication, qu'il faut savoir par cœur, donne le produit quand le multiplicande et le multiplicateur n'ont qu'un chiffre.

**Le multiplicateur a un chiffre, le multiplicateur en a plusieurs.** — *Quand le multiplicande a plusieurs chiffres, je fais l'opération par écrit de la manière suivante :*

*J'écris le multiplicande, puis au-dessous le multiplicateur, et je tire un trait sous lequel j'écrirai le produit.*

*Je multiplie le premier chiffre à droite du multiplicande par le multiplicateur ; j'écris le chiffre des unités du produit partiel ainsi obtenu comme chiffre des unités du produit cherché, et je retiens les dizaines s'il y a lieu.*

*Je multiplie le chiffre des dizaines du multiplicande par le multiplicateur, et j'ajoute au produit partiel ainsi obtenu le chiffre retenu tout à l'heure ; j'écris le chiffre des unités de cette somme aux dizaines du produit cherché, et je retiens son chiffre de dizaines.*

*Je passe aux centaines du multiplicande, sur lesquelles j'opère comme sur les dizaines.*

EXEMPLE. — *Soit à multiplier 253 par 3.*

### Disposition de l'opération.

| | |
|---|---|
| Multiplicande. | 253 |
| Multiplicateur. | 3 |
| Produit. | 759 |

J'opère ainsi :

3 fois 3 font 9 ; j'écris 9 (chiffre des unités du produit) ;

3 fois 5 font 15 ; je pose 5 (chiffre des dizaines) et je retiens 1.

3 fois 2 font 6 et 1 de retenue font 7 ; j'écris 7 (chiffre des centaines).

## Le multiplicateur a deux chiffres. — *Soit à multiplier 37 par 24.*

J'écris les deux nombres comme plus haut.

Je multiplie 37 par 4 (chiffre des unités du multiplicateur) et j'écris ce premier produit.

Je multiplie 37 par 2 (chiffre des dizaines du multiplicateur) et j'écris ce deuxième produit au-dessous du précédent, mais en déplaçant tous ces chiffres d'un rang vers la gauche.

J'additionne les deux produits ainsi écrits l'un au-dessous de l'autre.

### Disposition.

| | |
|---|---|
| Multiplicande . . . . . | 37 |
| Multiplicateur . . . . . | 24 |
| Produit 37 × 4 . . . . . | 148 |
| Produit 37 × 2, déplacé d'un rang vers la gauche | 74 |
| Produit cherché . . . . | 888 |

**'Calcul mental dans la multiplication d'un nombre de deux chiffres par un nombre d'un seul chiffre.** — I. — On multiplie les dizaines, puis les unités du multiplicande par le multiplicateur et on fait la somme des produits ainsi obtenus.

Exemple I. — *Multiplier 53 par 4.*

On dit : 4 fois 50 font 200 ; 4 fois 3 font 12 ; 200 et 12 font 212 ; donc :

$$53 \times 4 = 212.$$

Exemple II. — *Multiplier 75 par 6.*

On dit : 6 fois 70 font 420 ; 6 fois 5 font 30 ; 420 et 30 font 450 ; donc :

$$75 \times 6 = 450.$$

II. — Pour multiplier un nombre par 10, on ajoute par la pensée un 0 à sa droite.

Exemple. — *Multiplier 47 par 10.*

On obtient : **470.**

---

## EXERCICES

### Calcul mental.

Effectuer mentalement les multiplications suivantes :

| | | |
|---|---|---|
| 454. $34 \times 4$ | 455. $49 \times 3$ | 456. $45 \times 8$ |
| $46 \times 5$ | $97 \times 2$ | $39 \times 7$ |
| $39 \times 3$ | $37 \times 6$ | $72 \times 6$ |
| $52 \times 5$ | $65 \times 9$ | $84 \times 3$ |
| $67 \times 8$ | $72 \times 4$ | $63 \times 5$ |

## Exercices écrits.

Effectuer les multiplications suivantes :

| 457. 234 | 458. 126 | 459. 116 | 460. 353 | 461. 298 |
|---|---|---|---|---|
| 4 | 7 | 8 | 2 | 3 |

| 462. 299 | 463. 246 | 464. 496 | 465. 108 | 466. 176 |
|---|---|---|---|---|
| 3 | 4 | 2 | 9 | 4 |

| 467. 327 | 468. 348 | 469. 238 | 470. 218 | 471. 149 |
|---|---|---|---|---|
| 3 | 2 | 4 | 5 | 6 |

| 472. 34 | 473. 63 | 474. 29 | 475. 25 | 476. 14 |
|---|---|---|---|---|
| 26 | 14 | 23 | 25 | 14 |

| 477. 19 | 478. 46 | 479. 16 | 480. 18 | 481. 34 |
|---|---|---|---|---|
| 19 | 16 | 52 | 18 | 13 |

| 482. 87 | 483. 28 | 484. 36 | 485. 13 | 486. 12 |
|---|---|---|---|---|
| 17 | 26 | 19 | 57 | 73 |

## Problèmes sur la multiplication.

**487.** Un boucher a acheté **13** moutons à **34** francs pièce. Combien a-t-il déboursé?

**488.** Dans un verger il y a **17** rangées de chacune **63** arbres fruitiers. Combien y a-t-il d'arbres fruitiers en tout?

**489.** Un employé économise **48** francs par mois. Combien économise-t-il en **1** an?

**490.** Un garçon a **13** ans. Il veut savoir combien il a vécu de mois.

**491.** Si chaque mois avait **30** jours, combien y aurait-il de jours dans l'année?

**492.** Un facteur a fait **19** kilomètres par jour. Combien a-t-il fait en février (**28** jours)?

**493.** Un patron emploie **7** ouvriers payés **4** francs par jour. Combien paye-t-il pour **6** semaines de **6** jours de travail chacune?

**494.** Quel est le prix de **7** douzaines de chemises à **7** francs pièce?

**495.** La pièce de **5** francs en argent pèse **25** grammes. Combien pèsent **19** pièces de **5** francs?

**496.** S'il y a **60** minutes dans une heure, combien y a-t-il de minutes dans **13** heures?

**497.** Si le mètre de drap coûte **12** francs, quel est le prix de **48** mètres?

**498.** Un propriétaire a vendu **39** hectolitres de vin à **21** francs l'hectolitre. Combien a-t-il touché?

**499.** Si les œufs se vendent **15** sous la demi-douzaine, combien coûteront **3** douzaines et demie?

**500.** Un pantalon coûte **16** francs. Quel est le prix de **2** douzaines de pantalons?

# DIVISION

*Un patron doit distribuer **56** francs
à **7** ouvriers, de manière que chacun
reçoive la même somme. Quelle est
cette somme?*

Pour répondre à cette question, je dis :

En 56 combien y a-t-il de fois 7? Il y va
8 fois

$$(\text{car } 8 \times 7 = 56).$$

Je fais une *division*.

Le *nombre* (ici **56**) *que je partage*
(ou divise) en parties égales est le ***dividende***.

Le ***nombre de parties*** (ou de parts) est
le ***diviseur*** (ici **7**).

Le ***résultat de l'opération*** (ou nombre
que renferme chaque partie) est le ***quotient***
(ici **8**).

On dit dans ce cas que la division se fait
***exactement*** ou ***sans reste***.

On ne peut pas toujours partager un nombre
entier d'unités en parties égales. Ainsi :

*Une mère de famille veut partager
**27** noix entre ses **4** enfants. Combien
chaque enfant aura-t-il de noix?*

Je dis : en 27 combien y a-t-il de fois 4? Il y va 6 fois.

4 fois 6 font 24, ôté de 27, reste 3.

Donc chaque enfant aura **6** noix.

Mais il y aura en plus **3** noix restant, que l'on ne peut pas partager entre **4** enfants.

On dit alors que la division ne se fait pas **exactement** ou se fait *avec un reste*.

Le *nombre à partager* (**27**) est le *dividende*.

Le *nombre de parts* (**4**) est le *diviseur*.

Le *nombre que renferme chaque part* est le *quotient*.

Le *nombre qui reste* après le partage fait est le *reste* de l'opération. Il est toujours *inférieur* au nombre de parts ou diviseur.

### Opération.

EXEMPLE I. — *Soit à diviser* **825** *par* 5.

Je dispose l'opération ainsi :

```
Dividende.  825 | 5        Diviseur.
             32 | 165      Quotient.
             25
Reste.        0
```

Je dis : en 8 combien de fois 5? Il y va 1 fois. Je pose 1 au quotient (à gauche). 1 fois 5, 5, ôté de 8, reste 3. J'écris 3 sous le premier chiffre à gauche du dividende 8.

J'abaisse à la droite de 3 le chiffre suivant 2 du dividende, ce qui me donne 32; et je dis : en 32 combien de fois 5? Il y va 6 fois; j'écris 6 comme second chiffre du

quotient (à partir de la gauche). 6 fois 5 font 30, ôté
de 32, reste 2. J'écris 2 sous le chiffre des unités de 32.

J'abaisse à la droite de 2 le chiffre suivant du dividende, 5, ce qui me donne 25 ; et je dis : en 25 combien
de fois 5? Il y va 5 fois. 5 fois 5 font 25, ôté de 25, reste 0.

La division se fait **exactement** et le quotient est **165**.

Exemple II. — *Soit à diviser 237 par 8.*

Je dispose l'opération ainsi :

| | | |
|---|---|---|
| Dividende. | 237 \| 8 | Diviseur. |
| | 77   29 | Quotient. |
| Reste. | 5 | |

Je dis : en 23 combien de fois 8? Il y va 2 fois ; j'écris 2
au quotient (à gauche). 2 fois 8 font 16, ôté de 23, reste 7.
J'écris 7 au-dessous de 23.

J'abaisse le chiffre suivant 7 du dividende, ce qui me
donne 77. Je dis : en 77 combien de fois 8? Il y va 9 fois.
9 fois 8 font 72, ôté de 77, reste 5.

La division se fait avec **un reste**.
Le quotient est **29**.
Le reste est **5**.

**Calcul mental.** — I. — *Soit à diviser*
**64 par 4.**

Je dis : le quart de 6 est 1 et je retiens 2.
Le quart de 24 est 6.
Donc le quart de 64 est **16**.

II. — *Soit à diviser 546 par 7.*

Je dis : le septième de 54 est 7 et je retiens 5.
Le septième de 56 est 8.
Donc le septième de 546 est **78**.

**III.** — ***Pour diviser un nombre par 10,*** on retranche son dernier chiffre, qui est le reste de la division. La division se fait exactement quand ce chiffre est 0.

**IV.** — ***Pour diviser un nombre par 100,*** on retranche ses deux derniers chiffres : le nombre qu'ils forment est le reste de la division. La division se fait exactement quand ces deux derniers chiffres sont deux zéros.

---

## EXERCICES

### Exercices oraux.

Effectuer les divisions suivantes :

**501.**    28 divisé par 4     72 divisé par 8

       45     »     9     63     »     7

       56     »     8     48     »     6

Calculer le quotient et le reste de :

| | | | | | | |
|---|---|---|---|---|---|---|
| **502.** | 39 divisé par | 6 | **503.** | 51 divisé par | 8 |
| | 54 » | 7 | | 37 » | 5 |
| | 75 » | 8 | | 27 » | 4 |
| | 84 » | 9 | | 19 » | 3 |
| | 47 » | 7 | | 70 » | 8 |
| | 57 » | 9 | | 61 » | 7 |

Effectuer oralement les divisions suivantes :

| | | | | | | |
|---|---|---|---|---|---|---|
| **504.** | 105 divisé par | 5 | **505.** | 654 divisé par | 100 |
| | 145 » | 7 | | 124 » | 4 |
| | 99 » | 9 | | 309 » | 3 |
| | 84 » | 8 | | 214 » | 2 |
| | 306 » | 6 | | 125 » | 5 |
| | 147 » | 7 | | 96 » | 6 |
| | 253 » | 10 | | 72 » | 3 |

### Exercices écrits.

Effectuer les divisions suivantes (*Divisions exactes*) :

| | | |
|---|---|---|
| **506.** **729** divisé par **9** | **511.** **889** divisé par **7** |
| **507.** **864** » **8** | **512.** **936** » **6** |
| **508.** **375** » **5** | **513.** **984** » **8** |
| **509.** **944** » **4** | **514.** **873** » **9** |
| **510.** **717** » **3** | **515.** **736** » **4** |

Effectuer les divisions suivantes (*Divisions avec reste*) :

| | | |
|---|---|---|
| **516.** **783** divisé par **5** | **521.** **961** divisé par **4** |
| **517.** **673** » **9** | **522.** **797** » **8** |
| **518.** **823** » **7** | **523.** **649** » **5** |
| **519.** **575** » **6** | **524.** **888** » **9** |
| **520.** **439** » **8** | **525.** **946** » **7** |

### Problèmes sur la division.

**526.** Combien y a-t-il de minutes dans un quart d'heure?

**527.** Dans une classe de **48** élèves il y a **4** bancs. Combien y a-t-il d'élèves par banc?

**528.** On a payé à **9** ouvriers **477** francs. Combien chacun a-t-il reçu?

**529.** Une famille a dépensé dans une semaine de **7** jours **91** francs. Quelle est sa dépense journalière?

**530.** Combien de semaines font **238** jours?

**531.** Un fermier a reçu **261** francs pour la vente de **9** moutons. Quel est le prix d'un mouton?

**532.** **8** mètres de drap ont coûté **104** francs. Quel est le prix d'un mètre de drap?

**533.** Un automobile a parcouru **387** kilomètres en **9** heures. Combien a-t-il parcouru en une heure?

**534.** Un maréchal ferrant a utilisé **768** clous. Combien a-t-il ferré de chevaux, s'il faut **8** clous par pied de cheval?

**535.** **3** douzaines de chemises ont coûté **252** francs. Quel est le prix d'une douzaine de chemises? — Quel est le prix d'une chemise?

**536.** Combien peut-on faire de chemises avec **72** mètres de toile, s'il faut **3** mètres par chemise?

**537.** On a partagé une somme de **456** francs entre plusieurs personnes. Si chacune a eu **19** francs, combien y avait-il de personnes?

**538.** Une pièce de **1** franc vaut **20** sous. Combien de pièces de **1** franc valent **480** sous?

**539.** Une fruitière a vendu une demi-douzaine d'œufs **24** sous. Combien a-t-elle vendu un œuf?

**540.** Un jardin, qui contient **144** arbres, est partagé en **6** allées. Combien y a-t-il d'arbres dans chaque allée?

**541.** Une route est bordée d'arbres espacés de **9** mètres. Combien y a-t-il d'arbres, si la route a **396** mètres de longueur?

**542.** Un bataillon d'infanterie comprend **4** compagnies. S'il y a **484** hommes dans le bataillon, combien y en a-t-il par compagnie?

**543.** On a mis **112** litres d'huile dans **8** bonbonnes. Combien chaque bonbonne contient-elle de litres?

**544.** Une marchande a vendu des pommes **4** sous pièce. Combien en a-t-elle vendu si elle a gagné **76** sous?

**545.** Si le mètre de drap coûte **7 francs**, combien aura-t-on de mètres pour **259** francs?

Problèmes sur les quatre opérations.

**546.** Combien y a-t-il de minutes dans **3** quarts d'heure?

**547.** Sachant que chaque jour contient **24** heures, combien y a-t-il d'heures dans **5** semaines?

**548.** Une fermière avait **78** œufs et **132** poires. Elle vend **36** œufs et **96** poires. Combien lui reste-t-il d'œufs et combien de poires?

**549.** Ma mère a acheté dans un magasin **7** mètres de toile à **2** francs le mètre et **15** mètres de ruban à **1** franc le mètre. Elle a payé avec deux pièces de **20** francs. Combien lui a-t-on rendu?

**550.** Un ouvrier doit creuser un fossé de **32** mètres de longueur; il a fait hier **13** mètres et aujourd'hui **11** mètres. Combien a-t-il encore de mètres à creuser?

**551.** Dans une école il y a **4** salles de classe; chaque classe a **3** fenêtres et chaque fenêtre a **6** carreaux. Combien y a-t-il de carreaux en tout?

**552.** Quel est le prix de tous ces carreaux, si chacun d'eux vaut **2** francs?

**553.** Un cheval fait **16** kilomètres à l'heure. Combien mettra-t-il de temps pour faire **24** lieues? (La lieue vaut **4** kilomètres.)

**554.** Un marchand de vin a vendu **27** hectolitres à **24** francs, et **12** hectolitres à **32** francs. Combien a-t-il vendu d'hectolitres et quelle somme a-t-il reçue?

**555.** Je devais parcourir **79** kilomètres; j'ai déjà parcouru **11** lieues. Combien de kilomètres me reste-t-il à faire?

**556.** **4** douzaines de pommes ont coûté **96** sous. Quel est le prix d'une douzaine? — d'une pomme?

**557.** Une douzaine de mouchoirs coûte **12** francs. Combien payera-t-on pour **18** mouchoirs?

**558.** Un caissier, qui avait **145** francs, reçoit d'abord **218** francs, puis **337** francs; il paye ensuite **412** francs, puis **59** francs. Combien lui reste-t-il?

**559.** J'ai vendu **5** moutons **175** francs. Si j'ai gagné **40** francs en tout, combien avais-je payé chaque mouton?

**560.** Un marchand d'étoffes qui avait acheté du drap à **7** francs le mètre, le revend **9** francs le mètre. S'il gagne **54** francs, combien a-t-il vendu de mètres?

Un maçon mesure un mur avec un *mètre*.

# LES LONGUEURS — LE MÈTRE

Pour mesurer la longueur d'une étoffe, d'un mur, etc., on se sert du **mètre**. On dit que le mètre est une *unité de longueur*.

On donne généralement au mètre la forme d'une règle droite, d'une règle qui se plie en dix ou cinq parties, ou d'un ruban.

**Le mètre pliant** (figure, page 129). — Chacune des dix parties égales vaut 1 décimètre.

Le premier décimètre à gauche est divisé en 10 centimètres et chaque centimètre est divisé en 10 millimètres.

Le **décamètre** vaut   **10** mètres.
L' *hectomètre* »    **100** »
Le *kilomètre* »  **1 000** »

Ces trois unités nouvelles sont les *multiples* du mètre.

Pour mesurer de faibles longueurs, on utilise trois nouvelles unités, qu'on nomme

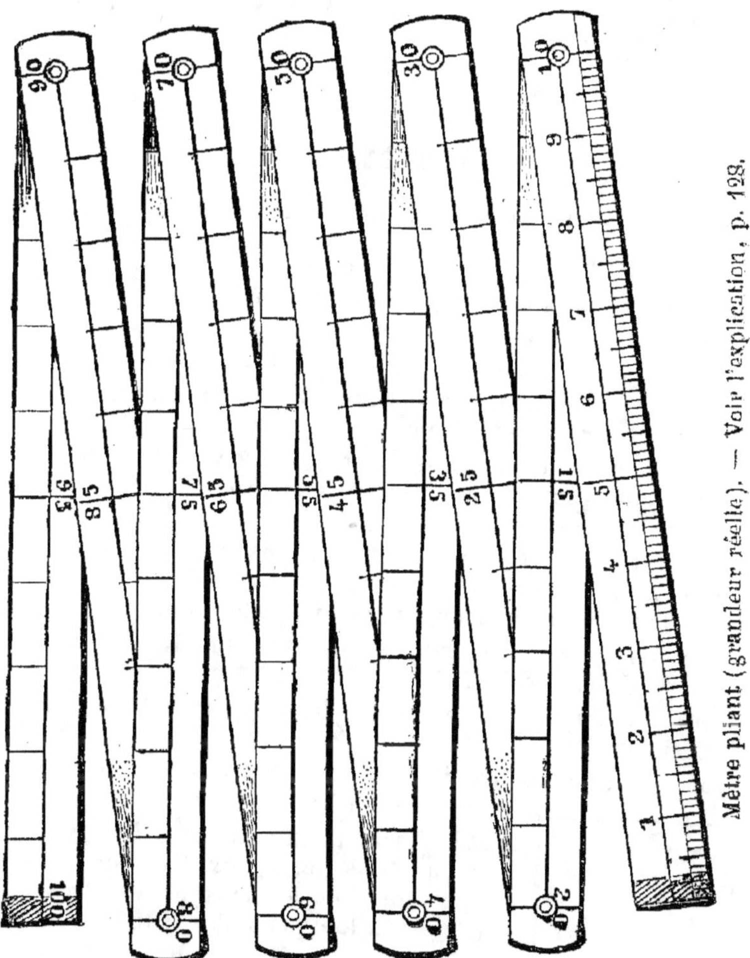



*sous-multiples* du mètre, et qui sont :

Le *décimètre :* il faut **10** décimètres pour faire un mètre;

Le **centimètre** : il faut **100** centimètres pour faire un mètre ;

Le **millimètre** : il faut **1 000** millimètres pour faire un mètre.

— —

## PROBLÈMES

**561.** Combien de mètres valent : **4** hectomètres **7** décamètres ?

**562.** Si je rends chaque unité dix fois plus grande, que devient : **1** mètre ? — **1** centimètre ? — **1** hectomètre ? — **1** millimètre ? — **1** décamètre ?

**563.** Si je rends chaque unité dix fois plus petite, que devient : **1** centimètre ? — **1** kilomètre ? — **1** décamètre ? — **1** hectomètre ? — **1** mètre ?

**564.** Georges a une taille de **1** mètre **15** centimètres ; Jacques a **7** centimètres de plus. Quelle est la taille de Jacques en centimètres ?

**565.** Une rue a une longueur de **2** hectomètres **7** décamètres ; une autre a une longueur de **345** mètres. Quelle est la longueur de ces deux rues ensemble ?

**566.** Combien y a-t-il de décimètres dans **12** mètres ? — dans **6** décamètres ?

**567.** Combien y a-t-il de centimètres dans **3** mètres **9** décimètres ?

**568.** Si le décamètre d'étoffe coûte **80** francs, quel est le prix de **4** mètres ?

**569.** Voici l'image d'un carré. Un carré a ses quatre côtés égaux. Sachant que son pourtour (ou périmètre) a **64** mètres, quelle est la longueur d'un côté ?

Carré.

**570.** Une rue a une longueur de **24** décamètres. Combien y a-t-il de mètres dans la moitié ? — le tiers ? — le quart ? — le cinquième ? — le sixième de cette rue ?

**571.** Un enfant a fait le tour d'un champ carré de **150** mètres de côté. Combien a-t-il parcouru de mètres ? — de décamètres ? — d'hectomètres ?

Le laitier mesure le lait avec un *litre.*

## LES CAPACITÉS — LE LITRE

Pour mesurer les liquides, les grains, on se sert du **litre.**

Un litre.
Les dimensions réelles ont été réduites de moitié dans le dessin.)

Il existe des récipients cylindriques contenant exactement un litre. Les bouteilles ordinaires ont également une capacité d'un litre.

On dit que le litre est une *unité de capacité.*

Le *décalitre* vaut **10** litres.
L' *hectolitre* » **100** »

Ce sont des *multiples* du litre.
Pour mesurer les petites capacités, on utilise :

Le *décilitre* : il faut **10** décilitres pour faire un litre ;

Le *centilitre* : il faut **100** centilitres pour faire un litre.

Ce sont des *sous-multiples* du litre.

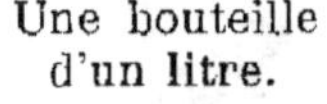

Une bouteille
d'un litre.

---

## PROBLÈMES

**572.** Combien y a-t-il de décilitres dans **18** litres? — dans **3** décalitres?

**573.** Combien y a-t-il de litres dans **8** hectolitres? — dans **45** décalitres?

**574.** Combien **530** litres valent-ils de décalitres?

**575.** Combien y a-t-il de centilitres dans **7** litres **6** décilitres?

**576.** On a versé dans une barrique le contenu de **3** bonbonnes de **18** litres chacune et **2** décalitres. Combien y a-t-on versé de litres?

**577.** Si le décalitre d'huile coûte **3** francs, quel est le prix de **6** hectolitres?

**578.** Un litre d'eau-de-vie coûte **4** francs. Quel est le prix de **3** décalitres?

**579.** Combien de temps durera un fût de **225** litres de vin, si l'on en boit **3** litres par jour?

**580.** Un fût contient **175** litres. Que manque-t-il pour qu'il soit plein, si l'on y a versé **1** hectolitre **3** décalitres **8** litres?

**581.** Si le petit verre de **4** centilitres coûte **3** sous, quel est le prix du litre? — Combien cela fait-il de francs et de sous en plus?

**582.** Dans un ménage on a acheté **3** pièces de vin de **216** litres chacune. Combien a-t-on acheté de litres?

Le boulanger pèse le pain avec une *balance* et des *poids*.

# LES POIDS
## LE GRAMME ET LE KILOGRAMME

Pour peser une marchandise, on se sert d'une **balance** et de **poids**.

Parmi les poids usités, on utilise le **gramme** pour les faibles poids.

Mais le poids le plus employé est le **kilogramme**.

Le **décagramme** vaut **10** grammes.
L' **hectogramme** » **100** »
Le **kilogramme** » **1 000** »

Ce sont les **multiples** du gramme.
On utilise aussi :

Le **décigramme** : il faut **10** décigrammes pour faire un gramme ;

Le *centigramme* : il faut **100** centigrammes pour faire un gramme ;

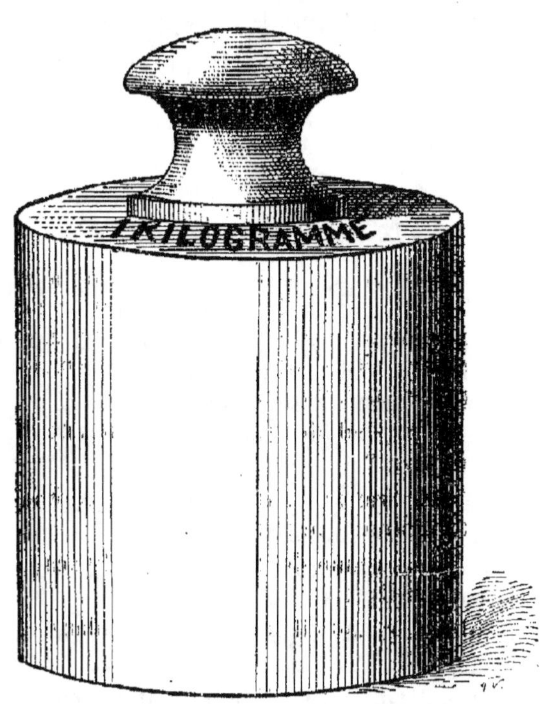

Un kilogramme en cuivre (grandeur réelle).

Le *milligramme* : il faut **1000** milligrammes pour faire un gramme.

Ce sont les ***sous-multiples*** du gramme.

Un gramme en cuivre (grandeur réelle).

Le gramme étant déjà un poids très petit, les sous-multiples ne sont employés que dans des pesées très précises, par les pharmaciens par exemple.

**Autres mesures.** — On utilise encore :

La *livre*, qui est la moitié du kilogramme. (Il faut 2 livres pour faire 1 kilogramme.)

Le *quintal*, qui vaut **100** kilogrammes.

La *tonne* » **1 000** »

---

## EXERCICES

**583.** Pour peser un morceau de viande, on a mis dans la balance un poids de **5** hectogrammes (demi-kilogramme), un poids de **1** hectogramme, **2** poids de **1** décagramme et un poids de **5** grammes. Quel est en grammes le poids du morceau de viande?

**584.** Combien y a-t-il de grammes dans une livre? — dans une demi-livre?

**585.** Avec **24** francs, quel poids de marchandise à **4** francs le kilogramme peut-on acheter ?

**586.** Si un kilogramme de **café** vaut **8** francs, quel est le prix de la demi-livre.

**587.** Combien y a-t-il de grammes dans **5** décagrammes?

**588.** Si le litre d'eau pèse **1** kilogramme, combien pèsent **7** décalitres?

**589.** Un récipient pèse, vide, **95** grammes; plein d'huile, il pèse **743** grammes. Quel est le poids de l'huile qu'il contient?

**590.** Une balle de café pèse **34** kilogrammes. Combien pèsent **18** balles?

**591.** Dans une famille, on consomme chaque jour **2** kilogrammes **5** hectogrammes de pain par jour. Combien de kilogrammes de pain consomme-t-on en **20** jours?

**592.** Un fumeur fume chaque jour **9** grammes de tabac. Combien fume-t-il dans **5** semaines?

# LES MONNAIES

Il y a quatre sortes de monnaies :

1º Les monnaies en *or*, qui comprennent des pièces de **100** francs, **50** francs, **20** francs et **10** francs.

Pièce d'or de 20 francs.

2º Les monnaies d'*argent,* qui comprennent des pièces de **5** francs, **2** francs, **1** franc et **50** centimes (ou un demi-franc).

Pièce d'argent de 1 franc.

3º Les monnaies de *cuivre,* qui comprennent les pièces de **10** centimes (2 sous), **5** centimes (1 sou), **2** centimes et **1** centime.

Pièce de cuivre de 5 centimes (ou 1 sou).

3º Une pièce de *nickel* qui vaut **5** sous (ou 25 centimes).

Pièce de nickel de 25 centimes.

*Un franc vaut* **100** *centimes ou* **10** *décimes.*

Pratiquement, une somme s'exprime en francs et centimes.

Puisque le sou vaut 5 centimes, *le franc vaut* **20** *sous.*

Pour les sommes importantes, on emploie les *billets de banque* de **50, 100, 500** et **1 000** francs.

## PROBLÈMES

**593.** J'échange une pièce de **2** francs contre des pièces de **5** sous. Combien aurai-je de sous?

**594.** Quelle somme en sous représente une pièce de **5** francs? — une pièce de **10** francs? — une pièce de **20** francs?

**595.** Combien de francs et de centimes font **35** sous?

**596.** Combien de sous représente une somme de **3** francs **15** centimes?

**597.** J'ai acheté **3** cahiers à **25** centimes pièce. Combien cela fait-il de sous?

**598.** On a payé une somme de **6** francs **50** centimes avec des pièces de **50** centimes. Combien a-t-il fallu de ces pièces?

**599.** Indiquez avec quelles pièces de monnaie on peut payer : **6** sous; — **17** sous; — **34** sous; — **47** sous; — **85** sous;

**600.** Si la pièce de **1** franc pèse **5** grammes, combien pèsent **12** pièces de **5** francs?

**601.** Si le sou pèse **5** grammes, quel est le poids de **2** francs **40** centimes en monnaie de cuivre?

**602.** On a partagé une somme de **3** francs **50** centimes entre **5** enfants. Combien chacun a-t-il de sous?

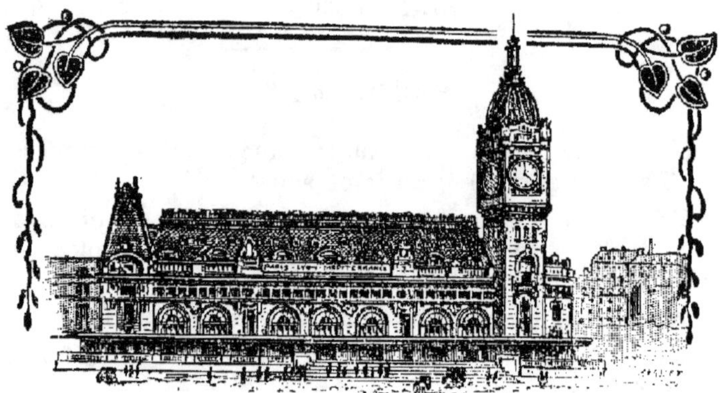

L'horloge de la gare de Lyon, à Paris.

# L'HEURE

La journée est partagée en **24** heures.

On compte les heures deux fois de 0 à 12.

La première partie de la journée va de *minuit à midi;* on indique l'heure correspondante en la faisant suivre des mots « du matin ». La seconde partie de la journée va de *midi à minuit;* on indique l'heure correspondante par les mots « de l'après-midi » ou « du soir ».

Ainsi on dira : il est 9 heures du matin, ou il est 5 heures de l'après-midi ou du soir.

L'heure est donnée par les *horloges* et les *montres.*

Le cadran est partagé en **12** parties correspondant aux 12 heures. La *petite aiguille* le décrit en une demi-journée ; elle marque les *heures.*

Les heures sont indiquées en chiffres ordinaires (ou arabes), ou en chiffres romains.

| Chiffres ordinaires. | 1 | 2 | 3 | 4 | 5 | 6 | 7 | 8 | 9 | 10 | 11 | 12 |
|---|---|---|---|---|---|---|---|---|---|---|---|---|
| » romains. | I | II | III | IV | V | VI | VII | VIII | IX | X | XI | XII |

Chacune de ces parties est divisée en 5 parties, marquées sur le cadran par de petits traits.

Midi.

Onze heures
un quart.

Cinq heures moins
le quart ou quatre
heures trois quarts.

On a ainsi :

$$5 \times 12 = 60 \text{ divisions de l'heure.}$$

Chacune de ces parties vaut 1 minute.
Il y a donc **60** minutes dans une heure.
La *grande aiguille* met une heure à faire le tour du cadran ; elle *marque les minutes.*

Pour lire l'heure, on regarde quelle est celle des 12 grandes divisions que vient de dépasser la petite aiguille : on a ainsi le nombre des heures. On lit ensuite sur laquelle des 60 petites divisions est la grande aiguille : on a ainsi le nombre des minutes.

15 minutes forment un quart d'heure.

30 » » une demi-heure.

45 » » trois quarts d'heures.

Dans certaines horloges récentes, les heures sont marquées de 0 à 24 heures. 0 correspond à minuit, 12 heures à midi.

Donc :

13 heures correspondent à 1 heure de l'après-midi.

14 » 2 »

15 » 3 »

⋮ » ⋮ »

23 » 11 heures du soir.

## PROBLÈMES

**603.** Sur quels chiffres sont les aiguilles d'une montre à midi? — à **3** heures? — à **7** heures? — à **10** heures?

**604.** Sur quel chiffre est la grande aiguille et entre quels chiffres est la petite : à **2** heures et demie? — **3** heures un quart? — **6** heures trois quarts? — **9** heures **25** minutes? — **10** heures **40** minutes?

**605.** Combien y a-t-il d'heures de **8** heures du matin à **5** heures de l'après-midi?

**606.** Jacques se couche le soir à **8** heures et se lève le matin à **7** heures. Combien d'heures reste-t-il au lit?

**607.** Combien y a-t-il de minutes de **4** heures **25** minutes à **5** heures moins **10**?

**608.** Combien y a-t-il de minutes dans une demi-journée?

**609.** Combien y a-t-il de minutes de **2** heures **20** minutes à **3** heures **45** minutes?

**610.** Si ma montre retarde de **1** minute tous les **2** jours, quel sera son retard au bout de **4** semaines?

**611.** Un ouvrier travaille **9** heures par jour. Combien d'heures travaille-t-il par mois de **31** jours, s'il chôme **5** jours dans ce mois?

**612.** Dans une semaine, combien la grande aiguille d'une montre a-t-elle fait de tours de plus que la petite?

**613.** Un employé reste par jour **8** heures à son bureau; il arrive à **8** heures du matin. A quelle heure s'en va-t-il s'il prend **2** heures pour son repas de midi?

**614.** Quand la grande aiguille est entre les chiffres V et VI, et la petite sur le chiffre VII, quelle heure est-il?

# EXERCICES DE CALCUL

**1° Exercices sur l'addition et la soustraction.**

**615.** Effectuer les additions suivantes :

| 513 | 114 | 602 | 73 | 602 |
|---|---|---|---|---|
| 145 | 307 | 59 | 802 | 107 |
| 320 | 243 | 178 | 97 | 91 |

| 225 | 409 | 354 | 400 | 122 |
|---|---|---|---|---|
| 140 | 117 | 89 | 59 | 245 |
| 413 | 21 | 118 | 241 | 133 |

**616.** Disposer pour l'addition les nombres suivants et effectuer l'opération :

$$114 + 77 + 83 + 291$$
$$58 + 47 + 304 + 526$$
$$146 + 75 + 89 + 202 + 306$$
$$413 + 59 + 78 + 86 + 147$$
$$304 + 102 + 97 + 54 + 112 + 49$$

**617.** Dans toutes les additions précédentes, changer l'ordre des nombres à additionner ; la *somme ne doit pas changer.* (*Preuve de l'addition.*)

**618.** Effectuer les soustractions suivantes :

| 596 | 710 | 942 | 940 | 739 |
|---|---|---|---|---|
| 467 | 608 | 374 | 897 | 194 |

| 630 | 953 | 868 | 457 | 743 |
|---|---|---|---|---|
| 194 | 236 | 615 | 79 | 658 |

www.ingramcontent.com/pod-product-compliance
Lightning Source LLC
LaVergne TN
LVHW050823200726
843507LV00001B/179